good dog

聰明飼主的

克 博士◎著

丁延敏◎譯

家裡有隻小搗蛋嗎？

總是治不了那隻破壞狂？

那你絕對需要

《Good Dog》這本好書！

郭岳甫

目　錄

Contents

前言

在人類的生活中，狗兒令人們增色不少。牠們是忠實的伙伴、娛樂者及保護者。牠們讓人們感到自己需要牠，同時可以舒解我們的生活壓力，並提供我們心理上的安慰。就許多人而言，他們與狗兒的關係和他們與其他人的關係顯得同樣重要，然而在狗兒扮演著提升我們生活品質角色的同時，牠們有時也可能會帶來一些負面的影響。而當一隻狗兒的行為對我們的生活產生負面影響時，我們與牠的關係通常會劃上一道休止符。

令人難過的是，行為與訓練方面的問題是棄養一隻狗兒常見的原因。就許多人而言，一隻狗兒的行為問題所招致的負面影響，可能使人們感到別無選擇，最終只有棄養牠一途。不幸的是，在這種情形下被棄養的狗兒，多數的結局是接受安樂死。但讓人難過且不知所措的是，在其他方面呈現健康狀態的狗兒，卻因為行為問題而被犧牲，而這種情況通常發生在牠們在正值壯年，約兩歲時期左右。更讓人扼腕的是，大多數的行為問題不僅是可以治療，而且是可預防的。

行為問題多肇因於人們與狗兒之間的誤解以及溝通不良。透過了解更多狗兒的真正需求，以及牠們是如何進行思考的，我們都可以成為更熟練且更成功的行為管理者。假如你能學著像狗兒般的思考，能以牠們的眼光來看世界，那麼你將能預知問題並且及時而適當的介入。

管理狗兒需要全方位的方法。我們必須考慮到牠們的身心福祉、情感與社會需求，以及認知上的增長。訓練一隻狗兒絕不僅是讓牠們聽命行事，而是要溝通你的需求和了解狗兒試著想表達的是什麼。只有在我們了解是什麼促使狗兒去做事，以及牠們是如何傳達其需求時，狗兒的訓練才可能成功。

了解狗兒的肢體語言及情感，是成功訓練的核心。同樣的，知道狗兒如何學習，則可使我們得以更深一層的了解牠們的內心世界。訓練提供了狗兒心智上的刺激以及結構性的社會互動，這兩者對你和狗兒的幸福而言，都是不可或缺的。

訓練提供了心智上和心理上的刺激。

狗兒的訓練只有在其需求被滿足時才可能成功。

傳統式的狗兒訓練方法以人為中心，其目的在於教導狗兒完成對人類有用的行為。然而這種方式卻忽略了教導牠們那些對於其自身有益的事，例如，社交及放鬆技巧。接受高度訓練的狗兒，似乎經常有嚴重的焦慮徵兆。這衍生出了一個問題：牠們真的喜愛這樣的訓練嗎？

狗兒的訓練是為了要建立人們與狗兒之間特殊的親密關係，以提升雙方的生活品質，並非為了贏得下一次的服從競賽。藉由創造出一個與自己狗兒之間清楚的溝通管道，那些來自於人們世界所給予之壓力的釋放技巧，你可以協助牠們有效的發展。訓練是真正的教導，是和我們的狗兒分享那些可使我們享受有彼此為伴的方法。

你不需要讓狗兒進入訓練學校來享有所有訓練的好處，只要依本書所述，在家訓練的方式將能使你獲益更多。如果你的確是要培養服從或其他競賽所需的技巧，而且對於狗兒在運動競賽場的比賽活動樂在其中，那麼只要是能促進狗兒的

幸福，而非與你個人形象有關的訓練，就沒有必要阻止你去參與。

　　狗兒訓練的最大好處在於能使我們和狗兒有更親密的聯結，藉此讓牠們可能具有的問題或可能發展出的問題，得以更容易察覺、了解與應付。

　　除此之外，訓練亦給予我們機會來教導狗兒良好的社交技巧，這將使雙方能夠和諧的生活在一起，並且享受以彼此為伴，而這也使我們在教導狗兒一些技巧性或是娛樂價值高的不同行為時，均較能成

功。訓練提供機會讓我們和狗兒一起享受高品質的時光，也藉此使雙方的生活都變得更加美好。

　　倘若本書能夠幫助你和狗兒更加親密，那麼我的目的就達成了。盡可能的學習關於你家狗兒及一般狗兒的相關知識，那麼你必定能成為一位絕佳的狗兒達人！

品種選秀是另一種狗兒的競賽活動，只要理由正當，對於狗兒及飼主而言都是一種獎勵。

第 1 章
狗兒的起源

科學證據已證實狗兒（犬科）大約是在一萬三千至一萬四千年前，由狼進化而來。其馴化過程究竟是如何發生的，至今仍是一個謎。為何某些狼隻變成狗兒，而其他的卻沒有？是人類需要狗兒，抑或是狗兒需要人類？狗兒和人類相處愉快是因為他們喜歡彼此？以上存在著許多理論。

無論答案是什麼，家犬已經有好長的一段時間與人為伴。過去幾世紀以來，牠們以不同的形式被人們運用，甚至是濫用。今日的狗兒已經不再是牠們過去的祖先──狼的產物，而是經由人們精心安排下，高度選拔出來的品種。

品種的發展

從羅馬時期以來，可分辨的犬種有 12 種，到今日，全世界已擁有超過 400 種的已知品種，從小巧躁動的約克夏梗犬，到碩大愛玩的紐芬蘭犬，沒有其他物種展現出如此多樣化的生理與行為特徵。大約一百至一百五十年前，這些我們耳熟能詳的品種才開始出現。多數今日我們所熟悉的犬種，是源自與其他品種之間的混種，其中大多數品種與牠們現代的近親僅有少許相似之處。於是狗兒育種成為一種流行產業，有越來越多的品種在滿足人類的奇想下被培育出來，而非出於實際的需求。

原先所有的品種均是根據人類心中的特定目的而被培育出來的。在中古時期，狩獵是一項熱門的活動，當時為了滿足特定需求的狩獵活動，許多相關的品種便應運而生。其中有些擅長於追蹤（氣味型獵犬）；有的擅長於追逐（視覺型獵犬）；有的則特地被運用在指向（尋找獵物及分辨方位）或是啣回獵物（槍獵犬）等目的。而就一些特定品種而言，護衛及打鬥也是特別被選育的原因。

今日多數的狗兒是屬於伴侶犬。雖然牠們有時仍被運用在原先的目的上，但現今僅有少數的飼主認真從事於這些狗兒在一個世紀前所致力的相關活動。然而今日狗兒的樣貌與過去數百年來育種者所選育的特徵，仍有著極大的關係。

狼（灰狼）是所有現代狗兒的共同祖先。

得知某種品種為何被培育的原因，可以幫助我們對於個別狗兒的行為，以及其樣貌有更清楚的了解。的確，當你學習到更多關於狗兒的歷史，便會更清楚的知道這些品種在生理與行為上的特殊癖好。

狗兒裡頭的狼性

在二十一世紀，狗兒的體內有多少狼的成份？把狗兒與狼相比，看得出一些浪漫的吸引力：人們喜歡把自己的寵物狗視為被馴化之野生而神祕的狼，並且直接將兩者的天性加以聯想。在這種浪漫的見解中有一點屬實的，那就是狗兒與狼之間確有某些相似點。今日的狗兒仍然存有對社會生活的認知，而這反映出了狼群體系。此外，許多狗兒的習慣，如挖洞、使用尿液及糞便來標示領域，均與狼十分相似。然而，這兩個物種之間仍然存在著許多差異，我們不該視狗兒的每個行為都源自於狼的特性。

狼的社會生活

讓我們來看看狼的社會行為，以及牠和狗兒相關與無關之處。根據社群理論，群體中階級較高的動物有著較高的社會地位，因此牠們被賦予先享有群體共享資源的特權。（社會地位意指一隻動物取得群體共享之珍貴資源的能力。掌控最多資源的動物則具有最高的社會地位。）在一個群體中，所屬成員之間的社會地位若有著越多差異存在，其組成份子之間的衝突也就越少。因此，社會階級制度促進了群體的和諧以及其生存。

在狼群中，競爭而來的社會階級之侵略性互動，通常局限於展現兩個體之間的優勢支配地位，直到另一方服從為止。真正的打鬥則留給對該群體產生安全威脅的外來個體。支配與服從是透過各種不同的肢體語言，顯現在一連串複雜的視覺訊號中，例如藉由嘴唇、耳朵、尾巴的動作以及姿勢和面部表情，來進行支配或服從的溝通。只有在衝突不能透過肢體語言化解時，接

狼是社會性動物，成群的生活在一起。

兩隻狗兒以嬉戲的方式爭奪對骨頭的控制權。

下來才會發生打鬥。

狼群由強勢的領導者帶領重要的活動，如狩獵與繁殖。強勢領導可促進狼群的安全與凝聚力。狼群領袖通常指領頭狼（alpha wolf），公狼與母狼有平行且獨立的階級制度，各由一隻領頭者佔據最高位階。階級的存在，以及用以表達衝突之高度分化的視覺溝通系統（肢體語言），均是說明狼如何適應群體生活的例證。

狗兒的社會生活

雖然某些面向之狼的社會結構可適用於狗兒，但我們不該把兩者劃上等號。牠們並不一樣，而且也生存於不同型態的環境中。將狼的社會結構錯誤的解釋成「同樣的適用於狗兒」，將會導致許多誤解。

狗兒的社會階級在多數飼養有好幾隻狗兒的家庭中明顯可見，這是任何飼養超過一隻狗兒的飼主均

會贊同的。通常在兩隻狗兒之間會有清楚的區別，柔順的一方多半會屈服於較獨斷的一方，例如放棄骨頭、玩具、注意力，甚至是食物。然而在許多案例中，這樣的區別並不那麼明顯，這常見於當兩隻狗兒之間有著許多蓄意攻擊的行為出現時（詳見第九章）。

人們在此社會體系中所扮演的角色是什麼？狗兒認知到牠們是其社會體系中的一環？人們需要表現得像群體中的領袖，這對狗兒很重要嗎？這些問題的答案毫無疑問是肯定的。狗兒的確視人們為其社會體系中的一份子，而且人們在牠們面前的所作所為均深深影響著牠們。

狗兒明顯的行為改變可能源自於人們微小的行為改變。而人類作為群體領袖的角色才是真正的爭議所在。狗兒的確有與生俱來的需要，那就是去適應由人類有效領導的社會體系。然而，這樣的領導與社會地位無關，而與提供一致性的規則結構，以及適當的社會互動有關。後者意指提供狗兒社會互動的

結構性機會，以及不強化其不當的或希望引起注意的行為。

無疑的，一致性和適當的社會互動，將會幫助狗兒在情感上較有安全感，並且使牠們更容易被管控。為什麼這麼說？這個解釋（理論）會在第四章的資源管理中談到，第四章會提供：藉由產生一個可預期的環境，讓你家狗兒學到較有安全感的實用訣竅。若是你能學習成為一位稱職的資源管理者，你家狗兒將心悅臣服地信任並聽從你。

支配的迷思

有人曾告訴你說，要向你的狗兒表現出是你在管牠？或是，有人曾建議你要過跨騎在你家幼犬身上，強迫牠背朝下，同時朝牠的臉嗥叫？有人曾告訴你說，當你家幼犬在家中尿尿時，要將牠的頸背下壓，並將牠的鼻子靠在那一團骯髒的東西中磨擦比較好？或者當你家狗兒對你的命令沒反應時，你應該搖晃牠；抑或是當牠不想在你的帶領下走近你時，就該使用狗鍊或頸圈？

以上對於飼主的建議完全是建立在對狗兒社會地位的誤解上，而你對牠「支配」的觀念，在狗兒所需要的領導方式中是屬於肢體的蠻力。

肢體的蠻力並不能向狗兒表示說是你在掌控，而僅能顯出：你是一位不稱職的資源管理者。假如你能有效的管理資源，你家狗兒會因此尊敬你，你將不需要透過蠻力來管理牠。肢體蠻力的擁護者辯稱他們之所以會使用跨騎（alpha roll）和叼啣頸背的鬆皮（scruffing）來管教，是因為這正是狼互相管教的方法，尤其是用來管教幼狼。但這種論點是錯誤的，因為較弱小的狼會甘願服從，但較強勢的一方則會站在服從的狼身上增強自己的地位。同樣的，叼啣頸背的鬆皮也不是狼用來管教彼此的方式，而是使用在激烈的打鬥中（通常是針對群體外來的份子），意圖在引起嚴重傷害的情況下。在成狼與幼狼之間

掌控一隻活力充沛的狗兒，需要對於其正面的行為給予一致性的獎勵，而不是用體罰。

的唯一管教方式是含唧口鼻，用嘴含唧幼狼的口鼻以表示禁止。成狼對於幼狼有著令人驚訝的容忍度，並且極少管教牠們。

我們不是狼，也不是狗兒。即便狼的管教法具有任何的價值，或者你的管教手法也夠像狼，但以此管教法來說服我們的狗兒仍令人存疑。

侵略及支配

狗兒將叨唧頸背的鬆皮與跨騎和其他形式的力量，均解讀為攻擊行為的一種。牠們首先會試著以讓步來避免衝突（表示服從，如藉由轉移目光、將尾巴夾至兩腿之間或是尿尿來表現）。如果這些都沒效，牠們則會嗥叫，然後做出啃咬的防衛反應。幼犬在面對暴力時，會顯得害怕，而且這種害怕稍後會轉變為攻擊行為，這不僅針對管教牠的人，甚至是對任何接近牠的人。千萬要記得，攻擊行為會引發攻擊行為。

攻擊及支配行為經常被不當的交互使用著。這正可以（部份）說明為何許多人以為他們必須使用蠻力來向狗兒展現領導力。許多狗兒的行為學者，一點也不喜歡用支配這個詞彙，反之，他們比較喜歡用

狗兒可以在飼主從不使用攻擊或處罰行為的情況下而訓練有素。

你不需用攻擊行為
來管教狗兒。

獨斷，或狀態關聯行為一詞來表達。攻擊意指一種威脅或挑戰，而最終得以戰鬥或服從來解決。支配意指存在於兩隻狗兒之間的一種社會關係。在一個社會層級中的支配與服從關係，全是為了避免攻擊行為。攻擊行為僅在另一隻狗兒挑戰一既有資源的使用權之後發生，而服從並不能解決該問題。

當你餵食你家狗兒並將牠的食物拿走時，牠將認知到是你在統御

狗兒的社會架構是由牠每天所接觸到的人們與動物所組成。

（即你在掌控食物資源，詳見第四章）。你將因一致的行使規則，如不准狗兒在桌邊乞食，而處於支配性地位。

藉由把玩具放在牠無法取得的地方，或是選擇性的給牠玩，你家狗兒將會因此決定了牠是否可接近自己的玩具，而認知到你是處於支配性地位。所以攻擊行為在以上情形中並用不上。

家庭的重要

狗兒一生中的社會結構是圍繞在與牠一同生活的狗兒和人們打轉。他們構成了狗兒的團體或群體生活，而且他們是狗兒天天都會與之發生關聯的對象。

狗兒不把不熟悉的人們和狗兒們，視為自己社會體系中的一部份。因為狗兒覺得他（牠）們具威脅性或危險性而不信任他（牠）們。舉例來說，一隻對陌生人缺乏信心的狗兒，牠會因為與牠所不認識的人有直接的眼神接觸而感到受威脅；然而，這樣的直接間眼神接觸若是發生在和他的主人之間，則會讓牠感到更有安全感。如果一隻狗兒得到從主人那來的清楚領導訊息，主人將會發現他家狗兒更容易和陌生的人們及狗兒相處，因為牠將更能在有壓力的情境下，接受主人的帶領。對於向陌生人顯出攻擊性行為的狗兒，用不同的治療策略是必須的，但對於那些對自己的主人具攻擊性的狗兒則不然。

原則上，狗兒應該要在牠們非常年幼時（兩、三個月大時）就和牠們社群外的人們與狗兒有所往來，這樣牠們才會逐漸對於未知的事物感到習慣。

在牠們出生的頭幾個月，牠們和人們及其他狗兒之間的互動經驗必須一直是愉悅的，以確保牠們有正面的聯想。假如在牠們年幼時，有機會在一個友善的環境下認識人們和其他狗兒，牠們將比較不會在日後成年時，對陌生人與其他狗兒產生相處等問題來。

狗兒如何溝通

視覺訊號

狗兒有一套視覺訊號或肢體語言用來彼此溝通，即使它沒有狼所使用的來得精巧。一些狗兒的生理特徵妨礙了牠們運用具有意義的視覺訊號，例如垂耳、捲尾或短尾（尾巴被剪短），比起豎耳、長尾的狗兒在溝通上的效果來得差。同樣的，當長毛狗感到受威脅時，無法豎起牠們頸背上的毛髮。（詳見第五章中「狗兒的肢體語言」。）

費洛蒙

費洛蒙是動物之間用來做氣味溝通的化學分子。許多種類的幼獸可藉由費洛蒙來辨認牠們的母親，並知道其在何處。它在繁殖上也扮演了重要的角色，因為動物們藉著費洛蒙可以吸引彼此。狗兒分泌費

上圖：肛門腺位於肛門兩側，生產費洛蒙。藉著嗅聞該處，狗兒得以認識彼此。
中圖：嗅聞彼此的臀部，狗兒可獲得有意義的社交資訊。
下圖：這隻狗兒正運用視覺訊號：耳朵往後貼、張嘴露齒，以表示牠無意於攻擊性互動。

洛蒙在糞便、尿及肛門腺內，（狗兒常常尿在其他狗兒的尿上，以顯示其社會地位、標記領域，或是僅是表明牠們曾經到此一遊。）公狗可藉由母狗尿液的氣味，在大老遠外就能偵測出牠處於排卵期。

吠叫通常是一種警告訊號，但也可能伴
隨著恐懼或攻擊性。

近年來，研究多著重於運用費
洛蒙來治療行為失調。人工合成的
狗兒和緩費洛蒙（DAP），是一種
近似於母狗乳腺間的皮膚所分泌的
費洛蒙，現在被用來治療多種狗兒
的焦慮失調。

發聲

在幼犬中，以低吠和哀鳴的方
式吠叫是一種沮喪的訊號，並且經
常由恐懼或興奮所引發。狗兒常用
吠叫與嚎叫和其他狗兒表示同情，
牠不一定是要傳達訊息，而是為了
尋求社會接觸。不同類型的吠叫代
表狗兒在一特定時間下的情緒狀
態：深沈、低頻的吠叫比較常伴隨
著攻擊出現，而高頻的尖叫可能表
示恐懼或焦慮不安。

嚎叫通常在吠叫之前出現，而
且被視為一種狗兒感到有威脅，以
及可能產生攻擊性行為的警告。

狗兒如何認知這個世界

眼睛與視覺

無疑的，狗兒所見的世界與人
們眼中的世界並不相同。牠們的視
力不佳，只能看見非常近距離的物
體，因此在牠們面前的物體會顯得
模糊而失焦。牠們是用嗅覺來定位
其所看不到的物體，並具有有限的
3D 立體（雙眼）視覺，但卻有更
寬廣的視野。換言之，因為眼睛在
頭顱內位置的關係，所以左右兩側
可以看到更遠的範圍。狗兒有著絕
佳的夜視能力，而且能在微弱的光
線下看見物體。雖然牠們有辨識顏
色的能力，但牠們的彩色視覺是有
限的。牠們也可察覺極細微的移
動，以及具有不可思議之預測其主
人移動的能力。

狗兒剛出生時是完全看不見
的，或僅具有微弱的視力。然而，
牠們通常對於「視力殘障」適應得
很好，尤其當牠們一直處於一個熟
悉的環境中時。但是牠們卻很可能
在與其他的狗兒互動時會發生問
題，因為牠們在自己的視覺發訊以
及解讀上的能力很弱。

耳朵與聽覺

狗兒能夠聽到 450 公尺距離

人類的視角為 150
度，其中 145 度為雙
眼重疊視覺。

貓兒的視角為 275
度，其中 130 度為雙
眼重疊視覺。

狗兒的視角為 250 至
290 度，其中雙眼重疊
部份為 80 至 110 度，
比人類的少得多。

以外的聲音，而人類最遠只能識別
100 公尺外的聲音。牠們亦具有超
凡的能力來辨別聲音的來源，因為
牠們擁有轉動耳朵的能力以幫助定
位聲源。

相對於人類可聽到的頻率——
2 萬赫茲的聲音，狗兒可以聽到的
音頻高達 6 萬赫茲（在超音波範圍
的聲音），遠超過人類所能辨識的
聲音頻率。這對於狩獵很有幫助，
因為齧齒動物發出的高頻率聲音正
落在此範圍。雖然所有的狗兒們對
大的響聲都很敏感，然而某些品
種，例如邊界牧羊犬，似乎又特別
敏感。一般而言，這種品種的牧羊
犬似乎比其他的品種更容易感受到
噪音的恐懼。

嗅覺世界

狗兒腦中處理嗅覺的區塊遠較

人類的來得大，從該處發出的神經
直接連接到鼻粘膜。狗兒的鼻粘膜
比人類的大許多，並且可敏銳的偵
測氣味。在狗兒 700 平方公分中
的鼻粘膜上，具有兩百二十萬的嗅
覺接受器，而在人類 50 平方公分
的鼻粘膜上，僅有五百萬個嗅覺接
受器。

狗兒不僅有能力可偵測到微弱
的氣味飄散（有些可辨識一個月前
人類留在玻璃窗上腳印的氣味），
令人印象深刻的是，牠們還可在某
些環境裡的一堆氣味中，辨識出某
一特定的氣味。正因如此，牠們在
全世界均被廣泛地用來嗅出毒品、
爆裂物、災區中受困的人們、失蹤
孩童以及毒物。

狗兒運用嗅覺來發現自己的環
境，就如同我們運用眼睛來閱讀或
觀察以獲得資訊。對牠們而言，能

幼犬在早期接觸新事物,將使牠們在日後更易接受相同的刺激。即幼犬在早期接觸到鳥類,長大後對於鳥類的接受度也就高。

夠出去走走嗅聞不同的有趣氣味可能和運動一樣的好玩。

狗兒的生命期

重要的頭四個月

不論公母,幼犬出生後前四個月的生活,對於牠們將來的行為均有極重要的影響。自三週齡起,幼犬便開始透過探索行為及社會互動,展開牠們對週遭環境的學習之旅。在這個生命敏感時期所學得的一切,將跟隨牠們一生之久。這時幼犬對於新環境的刺激,接受性最強。在出生四個月後,他們對於未知的事物開始感到比較不安,並且對於新奇的情境與印象也比較會帶有害怕的反應。

假如一隻幼犬在這頭幾個月中的互動與遭遇是多元且正面的,日後牠在接觸新事物時,將會表現得較有自信與自在。倘若在這時期牠們是愉快的,那麼牠們所有的初體驗,將會在長大時具有正面的意義,如:坐車車、戴帽子的人、輪子上的物體、雨傘、孩童,以及家中各樣的聲響。

幼犬具有很強的學習能力。因此,自幼犬 8 至 10 週齡起便應著手教導牠們,越早開始越好。一旦幼犬越早學習何為適當的行為,就越不會培養出問題性習慣。

若善用正向強化技巧教導各個年齡層的狗兒關於好行為的基本原則,均可獲得絕佳的效果。幼犬飼主所面臨的挑戰有居家訓練、管理破壞性的行為、控制玩耍的力道,以及教導牠們不咬嚼人們(禁咬)。

幼犬最常見的健康問題是腸胃炎,主要成因與牠們攝入不可食之物品的習慣有關。 2 至 4 月齡的幼犬也需要定期施打疫苗與驅蟲。

青少年期：5 至 18 個月齡

許多飼主描述在其幼犬五個月大時，一項明顯的行為改變發生了。牠們開始比較不把焦點放在主人身上，轉而對其周遭的事物較感興趣，並且似乎把過去的訓練忘得一乾二淨。

最好的處理方式就是接受這個事實，並且決心展現極度的耐心與保持一致性。遵守你的原則：你家狗兒依然會愛你，而且在這個階段牠絕對不該被寵壞。牠只是發現了一些暫時比你有趣得多的事物。藉著成為有價值資源的唯一來源，如食物、樂事、玩具，以及摟抱，來維持你的狗兒對你的興趣（詳見第四章）。不要給牠任何牠視為有價值的東西，除非牠完成了一項從你而來的指示，好比坐下或躺下。牠需要從你而來的一致性指示，以渡過這個階段。

當狗兒處於興趣缺缺的高峰時，不要試圖達成高水準的訓練，只要給予短暫、經常性，以及有趣的訓練課程。大約到了一歲大時（有時會再更久一點），多數的狗兒已經獲得一些尊嚴，此時會再度樂意變成學習者。

在四到六個月大的時期，幼犬會以飛快的速度成長。在這階段，牠們可能會看起來相當瘦長，而且胃口往往非常大（當牠們成長再次趨緩時，要注意調整其飲食）。在這段期間，牠們也會失去乳牙。換牙常與又一次的搞破壞期同時發生，這可能與換牙帶來的不適感有關。此外，無聊也是在這個年紀引起破壞性行為的常見原因之一，主人可藉由散步、訓練、食物型玩具，以及咀嚼所提供的生理及心理上的刺激來避免（詳見第五章）。

與分離有關的問題可能於幼犬的頭一年開始出現，也可能在再大一些時發生。幼犬需要學習如何獨處，並能從中感到滿足。在某些案例中，你會見到真正的分離焦慮情形，在此時，可能需要運用行為矯正技巧以及藥物治療來處理。

在青少年期，幼犬需要大量的生理及心理刺激。

在六到十二個月齡間，狗兒進入了青春期。母狗每六個月便會發情一次，除非牠們的卵巢被摘除（結紮）。這也是青春期的狗兒時常發生「生長痛」的階段。在許多的例子中，狗兒只會出現短暫的跛行，然而有時牠們會產生嚴重的關節問題，以致於可能需要開刀，這種情形尤其在大型或巨型犬種中常見到。

在較大型犬種中，過量的負重運動、餵食過多，或是供給熱量過高或高鈣的食物，將使髖關節及肘關節脫臼等關節問題惡化。這些犬種之幼犬的營養需求不同於小型犬種，牠們特殊的食物需求反應在眾多的狗食商品中，在寵物店及獸醫診所均可買到。

社會成熟期： 18 至 36 個月齡

在社會成熟期階段，社會地位的挑戰變得較明顯。在這個時期中，社會階級是大多數的狗兒面臨的課題。某些品種的狗兒似乎比起其他狗兒更在意牠們的社會地位。於是，一個家中的兩隻狗兒之間以及狗兒與人們之間，侵略性行為在這個階段便時常上演。

社會成熟期也是一些其他行為失調，如害怕、恐懼症以及強迫症變得明顯的時期。小型犬種在約十二個月大時便停止成長，而大型犬或巨型犬種約到十八個月大時才停止成長。此時，牠們的食物應該要從幼犬食物改為成犬或維持型飲食。當狗兒長成時，牠們通常需要較少量的食物。

左起為一隻一歲的愛爾蘭獵狼犬之成犬，中間為兩個月齡幼犬，右側為正值青少年期的五個月齡犬。

年老的狗兒仍舊適合訓練，只是牠們會比較不那麼主動，也容易感到疲累。

所以你得仔細地觀察狗兒的體重，以免過度餵食。在已開發國家中，肥胖是狗兒最常見的營養問題。

從成年到老年：七年多的時光

隨著高度專業化狗食的出現，以及在獸醫科學上不斷的進步，狗兒可以活得更久，其中有的可活長達十五年。通常，一隻超過七歲的狗兒會被視為年老的狗兒。小型犬種比起大型犬有老化得慢且活得更久的傾向。與老化有關的生理狀態包括心臟及腎臟衰竭、關節炎、蛀牙（這可藉由自幼犬時期便規律地刷牙得以有效的預防）、失明和耳聾。當較年輕的狗兒挑戰年老的狗兒，並且希望取代牠們在社會階級中的地位時，年老的狗兒可能產生害怕與恐懼症，並且可能成為狗兒之間攻擊行為下的犧牲者，因為牠們變老了、體力也變弱了。

第 2 章
狗兒如何思考？

當你啓程著手訓練你家狗兒該如何表現良好時，你將會從了解牠如何思考與學習中獲益良多。這會幫助你成功的和你家狗兒進行溝通，因為牠不會直覺知道你希望牠如何表現。當一隻狗兒似乎不聽你的話時，通常是因為你這一方缺乏有效的溝通，你並沒有傳達出一個夠清楚，關於你對狗兒有什麼樣期待的訊息。

當你家狗兒做出一種行為時，了解牠腦中的運作過程，將會幫助你找出有效的方法以讓牠知道為何你要牠那樣做，好讓你們都能和平相處。

狗兒為什麼要那樣做呢？

狗兒會這麼做是因為牠們的基因就是設計要如此反應（本能行為），或是因為牠們在一特定條件下，由經驗中學習而來要去做某件事（學習行為）。實際上，大多數的行為均含有本能行為和學習行為的成份。

反射行為

狗兒做某些事是憑本能，沒有任何訓練。牠們的大腦已設定好讓牠們不假思索的做這些事。本能行為是狗兒與生俱來的本能，舉例說明如下：

- 追蹤並追捕小型動物（獵捕行為）。
- 聚集成群。
- 吃食物殘渣（在垃圾中翻找食物）。
- 母狗咬斷臍帶並吃掉胎盤。
- 找到獵物蹤跡時搖擺身體。
- 埋骨頭。

作為狗兒的主人，我們必須察覺那些驅使著狗兒行動的本能，並且運用該知識以適當地提供牠們所需。某些犬種有一些特別強烈的本能，而不同的犬種也有著不同的本能。當一個本能越強，就越難藉著訓練加以調整。

你不能壓抑狗兒強烈的本能行為，反之，你應該提供一個讓你家狗兒在其中可以安全的表達這樣種需求的環境（參照第三章及第四章「你家狗兒的需求」）。

黃金獵犬有著非常強的拾揀物品並且將它們帶回的本能，因此牠們僅需要稍加訓練便可將物品啣回。

這個練習需要極大的專注力與自制力，尤其是對於像黃金獵犬這樣天生愛好食物的狗兒。

學習行為

學習行為也可稱作後天養成的行為。

狗兒是從自己的經驗，並由牠們行為的後果中學習。牠們是藉由操作制約與古典制約學到新的行為（參照第 29 至 33 頁）。以上兩種制約原理均應用在對狗兒的訓練上，然而操作制約能使狗兒能學習到新技巧。

狗兒的腦在其學習上所扮演的角色

腦——身體的控制中樞，執行了多項功能。狗兒的腦及其功能可簡單分為三部份。首先，原腦（primitive brain）具調節身體生理活動，如呼吸、進食，以及心臟相關功能。這些控制主要發生在腦幹——腦的後、下部位。接著為邊緣系統（limbic system），其為主要處理情緒的部位，位於大腦的中心，與腦的其他部份有著許多複雜的連結。最進化的部份為大腦皮質（cerebral cortex），它能協助動物思考並處理思想與情緒。大腦皮質位於腦部的外層。

當一隻狗兒接收到一個刺激時，相關的訊息便藉由神經傳導到腦中進行處理，而狗兒將於千分之一秒內，對該刺激做出反應。比如當一隻狗兒看到一個快速移動的物體時，該影像將自視神經傳導到腦部進行視覺刺激的處理。由於腦已預先設定好來辨識獵物行為，因而這隻狗兒將產生追逐該物體的反應。假設該項刺激不被解讀為獵物，牠就會產生不同的反應，如吠叫。

狗兒腦中處理該刺激的方式，是依腦的原始設定而定（意即，本能性行為已由遺傳基因先天設定在這隻狗兒身上，好比，某些品種的狗兒有著比其他狗兒更強的獵捕直覺），以及牠先前的經驗而定。又

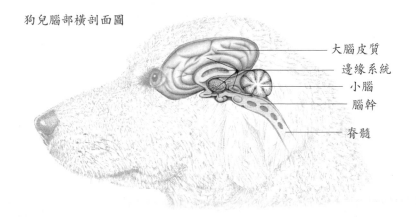

狗兒腦部橫剖面圖

大腦皮質
邊緣系統
小腦
腦幹
脊髓

如一隻狗兒自經驗中學到，某一刺激是危險的，牠就會跑開。所以，三隻狗兒可能對同樣一種激有著三種不同的反應。本能性反應是在邊緣系統以及腦幹區域進行自動處理，所以狗兒並沒有機會思考該如何反應。

反之，學習性反應，則是由人腦皮質進行處理，其亦含蓋了制約作用。狗兒必須自行決定如何針對某一特定刺激作出反應。例如，飼主給予牠飯碗時（刺激），牠立即會坐下（反應），因為牠已學習到，在該情境坐下時便會得到食物。

當我們越常教導狗兒自行思考，牠們就越會減少產生本能性反應。本能性反應通常會帶來問題，因為這些反應可能在特定的情境下顯得不恰當。經過訓練的行為將成為預設的行為，這樣的結果就是：你家狗兒在不確定的情境下，比較會產生你預期（訓練有素）的行為。當你越常教導狗兒好行為時，牠就越有可能在需要自己思考、做決定的情況下，做出適當行為。

操作制約（Operant conditioning）

操作制約是指當一隻狗兒決定做某件事，是因為牠知道這樣做將產生一個正面結果，或能使牠能避免一個負面結果。

這是根據一個已知的結果而產生的自發性行為。操作制約用來教導狗兒良好的行為，並且也用以對付既存的不當行為。在操作制約下，動物藉由記憶自己行為所導致的後果來學習。

做那些對牠們有用的事

狗兒學習到一些行為產生了正面結果，然而有些行為卻不會有同樣結果。牠們會有意識的選擇重複那些會產生正向結果的事情，同時避免做那些會引發沒有結果或是有負面結果的。一個行為所導致的正面結果稱作正向增強作用，而獎勵是狗兒願意努力尋求的。狗兒做事的動機是基於那些事對牠們有利，而並非是牠們想要取悅我們（與我們互動對牠們而言也是一種獎勵），也非出於惡意或是要激怒我們。牠們只是要試著做不同的事，同時重複那些會產生正面結果的。

假如你的確能發現某個可以激勵你家狗兒的事物，便可以藉此成功的訓練牠，圖中這隻狗兒樂意為了得以接近玩具而努力。

操作制約的基本原理是：狗兒做出有對牠們自己有利的事情。操作制約是狗兒學習新技巧和牠們得以被訓練做特定事物的依據。（在第六章與第七章中，你將會學到如何運用操作制約來訓練你家狗兒，使牠們做出各種不同的行為。）

透過嘗試成功的過程來學習

從正面結果中學到的效果，比從負面學到的效果更佳。因此教導狗兒的最佳方式就是：確保牠在做你想要牠做的事情時，你能重複獎勵牠，直到變成一種制約為止（完全學會）。

掌握時機

狗兒會做出對牠們有利的事，而且牠們只能從自己行為所帶來的正面結果中學習，所以正面的結果要在牠們做了之後的一秒鐘內立即發生。你必須直接將獎勵與你所要獎勵的行為之間做聯結，當然，處罰也一樣（參照第 33 頁），如果你需要用到的話。

食物通常是一種有效的獎勵。有策略的把點心容器放在家中的各個角落，將食物與點心置於多個容易取得的地方，並且練習在良好行為幾乎發生的同時給予獎賞。可以

使用制約增強器，如同用響片
（clicker）之類的器具做訓練，並
儘可能在正確的時間給予獎勵。

　　設法去發現你狗兒的好行為，
並保持敏銳的觀察力，好讓你不會
錯失獎賞牠的良機。

隨時隨地學習

　　狗兒透過不斷與自己環境間的
互動來學習。牠們會嘗試不同的事
物，而且視自己行為之立即可見的
結果，來決定要再來一次又一次，
或是改試點別的。

　　即使當你不在狗兒身旁時，牠
依然隨時隨地的學習。狗兒可以藉
由正式訓練課程，以具結構性的方
式進行學習，也可以在當你或訓練
師都未積極參與時，以非正式的方
式學習。在第三章中，我們會討論
關於如何自己來創造一個理想環

肯定並獎勵狗兒的好行為，好比小朋友正在
撫摸這隻狗兒時，牠可以保持平靜及自制。

境，以便進行結構性及非正式的有
效訓練。

成功的行為是被制約的

　　每當一隻狗兒開始一個活動並
且成功的完成時，這個行為就會被
強化，而且牠在日後很可能會重複
該活動。

良好行為的例子

- 歡迎人們時，四隻腳掌置於
  地上，不躁動。
- 當你叫牠時，牠就過來。
- 當你吃東西時，牠安靜的坐
  在自己的墊子上。
- 玩牠的玩具時。
- 小朋友撫摸牠時，能呈現放
  鬆狀態。

牠有越多的機會完成一項特定行為，將來就會越努力的再嘗試。成功的執行該項行為本身就會是一種獎勵，這就是為什麼當你要你家狗兒停止不當行為時，就必須積極制止，會顯得那麼重要的原因。

形塑法

形塑法指的是藉由一路強化的許多小進步，來累積更多的步驟，進而建立一個正確的行為。換言之，形塑法是將一個好比坐下的平常行為，改變成一個不凡或進階的行為。例如當你走離開牠視線範圍內時，牠仍會乖乖的坐好，而其他的狗兒則會跟在主人後面走。

當你教導狗兒任何不屬於牠本能的事情時，要將其動作分解到最小單位，並且從最基本開始進行。以抬腳掌為例，可以從移動重心到另一邊開始著手，這時狗兒的一隻腳掌便會微微離開地面。一旦這個動作成自然，你便可開始提高標準，並且只針對抬高腳掌的部份做加強（參照第六章及第七章的實際形塑練習）。

古典制約（Classical conditioning）

古典制約也是一種反應制約，是一種發生在沒有獎勵的狀況下，動物無意識的反應制約。這指明狗兒不是出於牠們自己的行動來學習事物，換句話說，獎勵和處罰的確在其學習上扮演重要角色。

古典制約是讓兩件原本無關係的事物之間產生關聯。透過古典制約，狗兒學習到間接將一些外在事物（環境刺激）與內在反應作關聯，例如心理反應或情緒。

即使這隻狗兒最終能伸出一隻腳掌，做出近似握手的動作，然而在牠腳掌做出些微移動之初，便可進行增強作用。一段時間後，只在牠做出腳掌抬起較高的動作時，進行增強作用，直到一個正確的握手姿勢形塑完成為止。

古典制約最著名的例證，就是由知名俄籍科學家伊凡帕芙洛夫（Ivan Pavlov）所進行的實驗。他知道當狗兒要吃東西時，流口水是牠們天生的自然反應。他確定每次當他要餵食時，狗兒都在同一時間聽到鈴聲響。因此鈴聲、食物和流口水（此為狗兒無法控制的，因牠身體的反射動作）之間互相有了關聯。在多次複製實驗後，帕芙洛夫想要看看當他搖鈴而不餵食狗兒們時會發生什麼事發生，而他發現，牠們在沒有食物出現時，口水照流不誤。原本對於狗兒沒有作用的鈴聲，成為了一種制約，並產生與食物同樣的效果。狗兒們並未學會有意識地流口水，牠們只是將鈴聲與食物加以關聯，直到認定鈴聲對於牠們而言意謂著「食物」。

恐懼與古典制約

恐懼的古典制約在狗兒中相當常見。一隻狗兒可能有好幾年都很高興的跟小朋友們互動著，直到一天當牠和一個小朋友正面互動時，一個汽球在牠身旁突然砰地一聲爆裂。又如一隻幼犬在牠發現一個新玩具的當下被蜜蜂螫了，牠可能從此以後對於類似的玩具都會心懷恐懼。

如果牠將該恐懼與在同個時間，以及同個環境下的某件事物加以關聯的話，那麼任何會引起恐懼的負面經驗都將影響一隻狗兒未來的行為。

實際的應用

讓一隻狗兒習慣於新奇但可能會嚇人的情境和經驗，與將一個現存之可怕或負面的反應改變成正面的，兩者需要運用古典制約。後者與降低敏感度，以及反制約有關（參照第九章），而且經常被用於治療焦慮及恐懼症。這些過程時常與操作制約合併使用。

處罰

為什麼處罰沒有效果？

懲罰的界限可從溫和到令人極其反感。對這隻狗兒來說這是溫和

當預期有可口的食物時，狗兒會產生流口水（分泌唾液）的反應。

的處罰方式，但對另一隻狗兒而言卻可能極其反感。你認為溫和的方式，對你家狗兒來說可能不那麼覺得。會引起不同程度的不舒適、疼痛或恐懼的處罰，均是不必要且是不被接受的。嚴重的處罰形式，例如使狗兒窒息、使用電擊項圈和打牠們都是一種濫用，而且絕不該運用於狗兒訓練上。

處罰的最大問題在於，你僅僅只是制止問題行為，而未給予狗兒任何關於我們對牠們該有何種期待的線索。處罰本身並未向狗兒透露出任何與良好行為有關的事，唯有藉由正向增強作用，才得以告訴狗兒我們的期待是什麼。

處罰不容易正確應用

　　如果處罰真的有效，那麼它在一個既定的情境下，應該只需要使用一到兩次就足夠。處罰通常無效的主要原因如下：

　　時機：除非在不當行為發生的一秒鐘內立即糾正，不然處罰不會有效。狗兒只能從牠們行為所造成的立即後果中學習，我們通常太慢處罰，並且教導狗兒一些並未與牠行為有清楚關聯的事。舉例來說，對一隻剛跑過柵欄的狗兒，待牠回來後再處罰牠，這隻狗兒學到的則是「回來」，而非「跑走」該產生的負向結果。

　　強度：如果處罰得太輕，狗兒很快就會變得習慣，而且這樣的處罰將會失去意義。然而，太嚴厲的處罰會引起恐懼，恐懼對於有效的訓練並不具作用。不同的狗兒和在不同情境下的同一隻狗兒，需要不同程度的處罰方式。沒有簡單的方法可以決定與衡量每種情境下，適當的處罰程度。

　　前因後果：處罰應當與該受罰的行為之間有所關聯。狗兒們通常

一個內含一些銅板、鐵釘或螺絲的搖搖罐或是噴霧器，都是讓狗兒略為反感的刺激物。它可在狗兒尚未被導引至可接受的行為前，用來阻斷其不當的行為。

如果你家狗兒行為不當時，可在一個讓牠覺得無聊的地方暫時休息一下，而非處罰牠。

將處罰和其他的事物聯想在一起，好比處罰牠們的人或是一個特別的地點，而非牠們的行為。假如你每次都在看到狗兒做某件事時而處罰牠，牠也許只學到不要在你面前做這件事。幼犬因為把家裡弄得一團亂而遭到處罰時，典型的反應是學會藏進沙發後頭去，反而沒有學到何處是適合牠們做自己事情的地方。

處罰的變通方法

當一隻狗兒正要投入一項不受歡迎的活動中時，為了將牠引開，你可以考慮使用一個裡面裝了一些金屬或銅板，可製造噪音的搖搖罐，或是準備水瓶噴霧器（可加或不加幾滴香茅油）來打斷牠。若狗兒的反應大過於輕微的驚嚇時，就不要使用這些阻斷工具。阻斷技巧會在第八章中有更詳盡的討論。

對於狗兒訓練師而言，不給獎勵是一個非常有效的訓練工具。環

狗兒表現出服從的行為，是出於對這個社會的暗示性反應，而非對自己所做的某件事感到有罪惡感所致。

境和社交獎勵經常可以藉由人為的方式操作（參見第 40 頁）。可持續在你家狗兒表現良好時，給予牠點心以及關注。

　　不給予正向強化的一個特別訓練方式是暫停。這表示要讓狗兒處於相較於目前，一個不那麼強化的情境中。理想狀況是，這個地方該是一個只有少許刺激或令牠不感興趣的環境，例如一個封閉式的後院或是浴室。當狗兒行為不當時，立即就將牠從一個充滿刺激與強化的環境下，轉移到一個非常無聊的環境中。為了要有效，狗兒必須覺得

暫停的環境比原先的環境來得缺乏吸引力。暫停的期間必須在數分鐘之內。

狗兒不了解體罰

　　狗兒將體罰解讀為社會接觸。如果你用輕拍狗兒的口鼻，牠可能會解讀為一個遊戲正要開始，而你原先要做的「處罰」，效果反而因此增強了。

　　假如你重重的打了你家狗兒，牠將會認為你是具攻擊性、獨斷的一方，而且是衝突的引發者，而不會認為你的行為是牠自己行為所產

假如你家狗兒能跟隨著你手中的點心走，那麼你將能夠在完全不用蠻力的情況下，教導所有牠需要知道的事。

生的結果。

狗兒對於嚴厲的體罰所做出的典型反應，是表現服從或是息事寧人的行為，例如：蜷縮、躲起來，或甚至是尿尿。這並不是有罪惡感的表現，而是牠們對於這位處罰自己的人所做出之攻擊性行動的一種社會反應。當一隻狗兒的主人回家，看到一團亂的景象時，牠會做出看似充滿歉意的行為，那僅是因為牠學會預期到在那樣的情況下，主人將會有攻擊性的行為，而牠盡其所能的避免它。

被體罰的狗兒很快地就會學到人們是暴力的一方，而且行為難以預測。狗兒很少將牠們的行為與隨之而來的體罰聯想在一起。

恐懼與攻擊：體罰的餘波

引起疼痛以及恐懼的嚴厲體罰，可導致狗兒對人們產生攻擊、極度害羞，以及服從性的尿尿行為。一再被體罰的狗兒們最終將學會害怕人們，並且可能試著展現攻擊性。一旦牠們出現攻擊性的反應時，甚至可能學會在沒有體罰時亦出現攻擊性行為。

學會無助

暴露在虐待情境下的狗兒，會發展出後天的無助感，牠們會學到處罰是不可避免的，而牠們無法做任何事來改變現狀。這樣的動物會變得消極、退縮和神經質，並對任何事物提不起興趣。牠們通常不願意嘗試新的行為，而且時常顯得固執。牠們不玩耍，可能會拒絕食物及玩具，對於撫摸也沒反應，而且通常似乎有很高的疼痛忍耐度。這些狗兒只能用大量的耐心與憐憫來

使其得到復原。

如何在不使用蠻力的狀態下讓狗兒做事？

　　使用一個玩具或點心引誘一隻狗兒去做出某項行為，這稱為「誘導」一個行為。你也可以僅是守株待兔，等待狗兒自動產生某項行為時，再記錄牠的行為。例如，利用多數狗兒在無事可做時會坐在定點的這個時刻，來留意牠的行為。狗兒會因為直接自其行為得來的大獎勵，而在牠心中產生印象，所以牠的行為值得你耐心去等待。而形塑法（參見第 32 頁），是用來完成更複雜的行為。

頭圈提供有效且人性化的控制，尤其適合用在有拉扯牽繩傾向的狗兒。

使用平坦的項圈及牽繩，好過用鏈條或其他會讓狗兒哽住喉嚨的項圈。

讓我們開始著手訓練

多久訓練一次與需要多長時間？

　　目標是一天之內至少要有一次結構性的訓練，短暫而頻繁的課程有著最大的成效。一天三次十分鐘的課程比一次三十分鐘的課程效果來得更佳。你得許下承諾，每天將進行訓練，假如你無法騰出時間，即便只有三分鐘也比完全沒有時間來得好。就是別讓生活阻擋你建立與你家狗兒之間的美好關係。

設備

　　使用一個平坦、質輕的頭圈，最好是尼龍、編織或真皮材質的牽繩，而不要使用鏈條。頭圈是非常有用的訓練輔助器材，它的作用類似馬匹的韁繩，具有控制頭部動作

的功能。

頭圈自狗兒口鼻部上方環繞到牠耳朵後方；牽繩則扣在牠頷部下方的圈環中。頭圈不會對狗兒造成傷害。就如同頸圈一般，你必須漸近式地引導狗兒習慣它。

你也可以使用一個身體挽具。雖然有些設計款式可能是為了便於拉狗兒，然而防拉的特殊設計款式也可買得到。你可以使用一個具伸縮功能的牽繩，但它常常難以掌控一隻不易控制的狗兒；最好先用一般的牽繩來訓練你家狗兒自我控制和放鬆的能力，然後一段時間之後再改用可伸縮的牽繩。

如何獎勵好行為

祕訣在於抓住你家狗兒做正確事情的時機，然後立刻給予獎勵，牠將會重複你所獎勵的行為。建立你家狗兒可察覺的受獎方式，不同的事物能夠激勵不同的狗兒。可試試下列這些點心（越可口越好，但保持少量，以不超過一個大姆指指甲的大小為原則）：

- 乳酪
- 雞肉
- 臘腸
- 味道香濃的酥餅
- 火腿

主人可提供可口鬆軟的點心，如肉類以及乳酪當獎勵。

- 牛肉
- 加工過的肉品
- 肝醬
- 市售的狗兒點心

可用以下方式做獎勵：

- 一個牠喜愛的玩具──某些狗兒熱衷於球類或其他形狀的玩具。
- 一個遊戲──有拖曳、捉迷藏及拾回功能的玩具。
- 撫摸

環境獎勵：

- 嗅聞街燈柱
- 和人打招呼

食物與點心是既有效又容易的方法，而且該是你的獎勵系統中的主要核心，尤其是在訓練課程的開始階段。

走在前面的狗兒把焦點放在牽著牠的人身上，然而另一隻狗兒則未注意牽牠的人。這隻黃金獵犬正因注視牽牠的人而有了點心當獎勵。而圖中的德國牧羊犬則正享受著環境獎勵（嗅聞著地上的氣味）。

致力於使用各種不同的點心來讓你家狗兒不會感到無聊，而且還會繼續渴望並期待得到屬於牠的獎勵。

環境獎勵

環境「獎勵」了許多不當行為。咬碎垃圾袋的狗兒學到了撕開它們就會獲得食物；拉扯牽繩的狗兒學到了拉扯牽繩向前走，就可沿著人行道到達牠們想去探索的地方；「脫逃的專家」則學到了跳出圍籬外，便可進入一個有著迷人氣息、景象與社會接觸的世界。

運用環境獎勵對你有利的那一面，藉由在好行為出現之時對牠加以訓練。例如，在你家狗兒可以去嗅聞路燈柱之前，牠必須先以鬆而不緊的牽繩被帶到好幾處地方散步，或是將在草地上追逐之時，牠必須在你把門打開之前先安靜的坐好。

社交獎勵

狗兒會發覺各種的社會互動獎勵。這表示牠們大多喜歡以下事物：

■ 被推開或有人觸摸
■ 受到注意（即便是吼叫以對）
■ 被注視或者被認出

你曾經在你家狗兒惹出一些麻煩事時，做了以上的任何一件事

兒躍起時將牠推開的動作，實際上是強化了
躍的行為。

嗎？若是有，那麼你很可能不明智
的獎勵了牠的行為而非制止它。任
何形式的肢體互動、聲音溝通，或
是眼神接觸，都能獎勵你的狗兒，
即便你故意使它成為一種負面互
動！（負面關注仍舊是一種關注。）
社會互動獎勵應該為一些惹人厭的
行為負起責任，例如：向上跳躍、
用腳掌抓扒和乘騎動作。為了要降
低此類行為的發生頻率，你必須學
習不以任何形式的社會互動來應對
（參見第四章與第八章）。

狗兒如何學習話語中的意義？

狗兒並沒有與生俱來了解話語
意義的能力，只因大多數人們指示
牠們的狗兒坐下時，使用「坐下」
這個詞彙，但這並不表示狗兒自動
了解「坐下」這話的語意。牠們是
藉由重複的將特定聲音或片語，與
特定的動作加以關聯而學習到該詞
彙的意義。

假如你在下指令要狗兒坐下
時，使用「坐」這個字，而在指示
牠趴下時使用「趴」這個字，效果
都一樣好，只要你一直在相同指令
上使用同樣的字彙。

這隻狗兒正對著一個視覺信號做出以下的動
作——訓練者的身體向前傾和手指往下指。

視覺信號與語言信號

我本身比較喜歡用「信號」，而非「命令」這個字眼訓練狗兒。狗兒不僅對語言信號有反應，也對其他信號有反應。牠們對於視覺信號，或是如具指向的手指，以及一隻手向上舉起，掌心朝下等動作特別的敏感。我們經常認為狗兒是對語言信號做出反應，事實上，狗兒是注意到了常被我們忽略掉，伴隨語言信號而來的手部或肢體信號。任何讓狗兒解讀為一個讓牠去執行一項動作的暗示，都可稱為一種信號。坐下的信號可以是「坐下」這個詞彙、一個具指向的手指或者兩者兼備。門鈴可能是奔向門去的信號，口渴則是喝水的信號。狗兒經常對於非常細微的信號做出反應：主人眉毛微微抬高 0.1 公分，就可能讓一隻狗兒從牠被禁止進入的房間內溜出來。瞬間的目光接觸能就此打斷了牠的逗留。

你變得越能注意到你家狗兒所看到與聽到的信號時，將越能了解牠的行為。觀察你家狗兒，並且看看那些信號所產生的各種不同行為，即便那些是你不經意教導牠要對其反應的信號。而環境信號，也稱作刺激，通常會誘發問題行為。

圖為正在進行的響片訓練的狗兒們。雖然狗兒們可以聽到其他訓練者的響片聲，但牠們知道那一個是「屬於牠們的」響片聲，而且不會被任何其他的響片聲混淆。

響片訓練

響片訓練是應用於操作制約與正向增強作用的訓練方法。響片是一種塑膠製的裝置，可以發出咔嗒聲。這樣的咔嗒聲與食物點心有關，並且可用來指明狗兒所做的是對的事。響片訓練極其有效，它能訓練出放鬆且自信的狗兒，讓狗兒熱衷於學習新技巧，也能增進狗兒與訓練者之間的正面互動。

傳統的訓練方法將焦點放在矯正狗兒的錯誤行為上，包含了猛拉會令狗兒窒息的套繩，以及肢體上的操弄與使用蠻力。在這樣的狀況下，狗兒會學到為了避免負面結果而去做某件事，同時經常會太害怕以致於不敢嘗試任何新的事物，免得隨後又有矯正行為。以蠻力和處罰而訓練出的狗兒會神經緊繃且焦慮，而且牠們學會為了避免被處罰而對某事做出反應。

由於場地限制，你或許無法有一套完整的響片訓練，然而我們手邊有許多很棒的資源可用於響片訓練。如同任何訓練一樣，利用它來發展出對你有用的技巧，你必須練習響片訓練，而你與狗兒之間絕

按下響片，數到三，然後再給予點心，讓點心在響片聲之後出現。而訓練者要蹲低才方便進行訓練。

佳的溝通管道，會因為這個受益無窮的東西發展出來。網路上與多數的寵物商店都可訂購到響片。

當然，你不一定要使用響片，也可以單獨使用食物以及其他的獎勵來訓練。響片訓練的好處是你可以更快速，並且更正確的教導你家狗兒精準的行為，而且牠可能比較不會變胖，因為你是靠響片而非靠食物作獎勵。

這個章節將提供一個關於響片訓練簡短的介紹。你可在第六章及第七章讀到更多關於特定行為的訓練。

在身上準備點心和響片，剛開始你可能會發現帶著一個食物袋在身上會更方便一點，它可讓你更容易取得點心。

按下響片，數到三，

然後再給你家狗兒一個點心。先按
再給是原則,你必須在每次按壓響
片後給予一個點心。在不同地方重
複以上動作數次,持續此動作幾分
鐘——按壓響片然後給予點心、按
壓響片然後給予點心。這個練習的
目的在於讓你家狗兒習慣響片的聲
音,更重要的是,讓牠把響片聲與
獎勵加以關聯,即:當你家狗兒聽
到響片聲時,牠必須知道一個獎勵
即將隨之而來。繼續一個或數個訓
練,直到你家狗兒對響片聲表現出
絕對的興趣來。

使用響片來溝通

一旦你家狗兒了解一個響片聲
表示一個點心隨後就到時,你就可

食物誘導用於協助該狗兒到正確的位置來
開始進行翻滾動作。起初,牠會在這個動
作上被重複給予響片聲信號,直到牠變得
熟練能完成完整的翻滾動作。

當這隻狗兒完成跳躍動作時,會有響片
聲,牠隨後將得到點心。

以運用它來告訴你家狗兒牠什麼地
方做得對。這是一個事件記錄器,
也是一種獎勵預測器:在牠做對的
那一剎那按壓響片。假如你正要訓
練牠坐下,在牠照做的那一刻,按
壓響片;如果你正在訓練牠趴下,
在牠的後腿臀部及胸部著地的同
時,按下響片。在每一次的響片聲
後,給予一個點心。按壓響片的時
間點相當重要,它必須在你期待之
行為出現的同時發生。在按壓響片
之後,給予點心。(是響片聲告訴
狗兒牠做對了什麼事,也就是無論
何時當你家狗兒在做了某事後得到
了獎勵。)

讓響片說話

在起初的訓練中,你說任何話

都會讓你家狗兒感到困惑。保持安靜，並且使用響片來給牠關於其行為的正確回饋，而牠將學會傾聽這個聲音。在之後的訓練階段中，你將可以開始使用語言信號。

捕捉、製造並獎勵其行為

為讓你家狗兒產生一個特定行為，要運用誘餌，捕捉或形塑技巧。一路協助牠而非強迫牠。你的狗兒必須一直想著這是牠自己的主意。操作制約（參見第 29 頁）是關於自願的行為──狗兒必須根據你對牠行為所帶來的結果，而選擇要做什麼。響片聲給予牠一個立即且正面的結果，因此牠將會重複這些與響片聲有關聯的行為。

即便你必須等待你家狗兒好幾分鐘的時間，直到牠產生一個反應，這個等待仍是值得的。不要推或拉牠來誘惑行動──一旦牠了解自己的行動將帶來一個獎勵，牠將會非常熱衷於再試一次。可以在與你所期待的任何相似事情發生時，按壓響片。為了翻滾，你可以先在狗兒轉身朝向一邊時便按壓響片，然後在牠翻身到背朝下時再按一次，最後當牠完成整個翻滾動作時再按一次。

響片聲表明這個動作接下來會有點心作為該行為的獎勵。這是你必須一直遵照的順序──捕捉該動作、標明並獎勵它。

以一組一組的動作來練習

一個特定的動作要連續重複數次。一組動作可包括任何重複 5 至 20 次的動作。在每次課程中練習兩種或三種不同的動作，並且藉由移到其他地方或是安排短暫的休息來區隔各組的動作。

舉例來說，在廚房做 10 次「坐」的動作，然後在前院做 10 次「趴下」的動作。即便你家狗兒完美的做出了其他動作，只要針對你正在進行的特定動作組合給予獎勵。這個用意是讓狗兒順暢的重複同樣的行為數次，而不會在重複動作中有任何猶豫。

教導一隻狗兒如何啣回物品的第一步是，教牠咬好一個東西不讓它掉到地上。

獎勵任何一個接近最棒的行為，但不要期待狗兒在你一開始訓練時就能完美地啣住一個物品。

起初，你家狗兒可能會對該給予什麼回應感到困惑，可使用點心作為誘餌來引導牠，但是不要試著去打斷。牠若越快學會牠有選擇權去決定要做出什麼動作，牠就會越快學會去嘗試不同的事物，好看看哪一個回應你會進行增強作用。假如牠在剛開始時訓練時有點困惑沒有關係。

為行為命名

一旦你家狗兒刻意的做出一個行為好幾次，而且很明顯的要期待一個響片聲與點心時，此刻你便可以為這個行為命名。這也是指「新增信號」，新增信號的訓練過程在第六章會將會詳細描述。

使行為臻於完美

一旦你家狗兒對某個信號有反應，要確定你能得到你所希望達到的行為標準。你或許需要一個更高的抬起腳掌動作，或是一個更久的坐下動作，抑或是一個更好的隨行動作。讓一個行為臻於完美將第六章中有更詳盡的解說。

削弱響片聲與點心的影響

當你家狗兒對一個信號做出一致的反應時，就該漸漸的讓響片聲與點心的影響減弱。每當牠做對10 次時，按壓響片並給予點心 8 次，而不要每次都給。過一陣子，進一步降低按壓響片與給予點心的次數，直到你在牠做對 10 次時只給予一次點心。可用撫摸與口頭讚美來取代響片聲與點心。最後，在完全不用響片下操作，只在教導新行為或是要強化現有技能時再使用響片。

總結：響片訓練的步驟

- 以點心誘發你家狗兒產生某項行為、捕捉該行為或形塑它。
- 在牠做對時，透過立刻按壓響片來標明該行為。每次按壓響片後，都給予一個點心。響片聲告訴狗兒牠剛剛做了對的

雖然這隻狗兒能夠在沒有分心的情境下，做出一個良好的坐下等待動作

但有一位牽狗人出現而令牠分心時，你就要抱著較低的期待（你站的距離和維持的時間）。

事，而且將會因此得到獎勵。

■ 一旦當牠自動且流暢的做出該行為時，就藉著關聯言語或視覺信號（或兩者並用）來為該行為命名。

■ 藉由獎勵更棒的行為表現，使該行為臻於完美。

■ 同時逐漸讓響片聲與點心的影響削弱。

讓你家狗兒能容易達到成功

當你教導狗兒一項新的技能時，要設定小而實際的目標。在一開始時，讓事情變得十分簡單容易，並且獎勵那些即使只跟良好行為沾上一點邊的行為。當你家狗兒開始自動自發地做出更多良好行為時，便提高你的標準。起初，牠在跟人們打招呼時可能只能坐得住幾秒鐘，慷慨的獎勵牠，好讓牠感到

那樣做值回票價。當牠做得更好時，在獎勵牠前增加該動作的持續時間。即便當訓練變得越來越複雜時，也要一直不時的給予出乎牠意料，或令牠驚喜之容易取得的獎勵。沒有預期的獎勵將會讓你家狗兒保持警覺。

狗兒為何會忘記牠們學到的東西？

任何曾經訓練過一隻狗兒的人有時都會這樣的體會到：一隻有能力完成一項特別技巧的狗兒，似乎忘了所有牠曾學過的事物。你知道你家狗兒是多麼擅於做某個特別的小把戲，而且你已經告訴大家這件事了，但是當你身邊有個觀眾時，牠就是不做。這樣的情況可能令人尷尬，但是並非不常見。

背景條件已經改變

狗兒相當隨機應變：牠們可以學會在一個特定的環境與特定情境下做一些事。

對牠們而言，隨機應變也是學習的一部份。你在身邊還穿著拖鞋，一隻狗兒就能在家中廚房做一個完美的坐下等待動作。但是當牠在公園內時，不同的時空下，牠必須學會在公園內做出與牠在廚房裡所做的「坐下等待」相同的事。新的時空背景，往往會有讓狗兒分心的新情境。

你可能需要在有讓牠分心的新情境出現時，再教一次牠已經會的技巧。一旦在一個新的時空背景下，或是在有令牠分心的新情境下重新訓練時，牠將會一次比一次更容易學會，而且進步會越來越快。

降低激勵

你家狗兒可能會覺得依既定的標準完成一項動作，激勵效果不大。一個難度比較高的情境下，需要更高品質的獎勵，例如一個有著許多令牠分心事物的新地點。嘗試以下方法來增強狗兒的動機：

- 一個高質感的獎品：使用特別美味、可口的點心。
- 一個想不到的獎品：給牠各式各樣不同的點心。
- 利用在餵食前的短暫時間：在牠很可能餓的當下訓練牠。
- 運用友善且富鼓勵性的肢體語言（參見第五章）：假如你心情不好，這將會讓你的狗兒惱怒。
- 只在你需要激勵牠時，使用牠最喜愛的玩具。
- 建立一個有利的獎勵歷史：為牠的良好行為提供許多獎勵。

這隻年幼的德國牧羊犬，自早期便學會可以有一條鬆的牽狗繩牽著牠散步。

- 慷慨並經常性的給予獎勵。
- 確信你可把握正確的時機和保持一致性：假如你讓狗兒感到困惑，牠會變得稍微缺乏動機。

幾歲開始訓練狗兒最好？

狗兒年紀越小開始訓練越好。假如一隻狗兒能在早期便學會所有的好習慣，那麼牠將來就比較不會發展出壞習慣來。你可以在幼犬兩個月大時訓練起（甚至可以在牠們更小的時候開始）。二至四個月齡的幼犬對於訓練有著極高的接受度，因為牠們在這個階段對於環境刺激具有與生俱來的接受度。

如果你運用操作制約以及正向增強的原理來訓練你家狗兒，就不需要等到牠六個月齡或更大時再開始。在六個月齡前，一隻幼犬已經有足夠的機會學習到所有錯誤的事物。比起對付現存的不當學習，在一張白紙上揮灑要來得容易得多。

你能訓練年長的狗兒嗎？

是的，你的確可以訓練年長的狗兒玩新的把戲！雖然訓練一隻年幼、未被寵壞的幼犬更為容易，但訓練一隻狗兒是永遠不會太遲的。運用充裕的獎勵與耐心，即使是最

即使是較年長的狗兒，也能從規律的心智刺激訓練中獲益。

抗拒的老狗都會有所改變。有些狗兒們已經非常根深蒂固的受先前不當的訓練方法所影響，以致於牠們在一開始時會顯得猶豫而且不甘願，但是一旦牠們信任訓練自己的人時，便會改變立場。

第 3 章

建立狗兒的學習環境

　　一個對於成功訓練有傳導力的環境，會讓學習更容易且更有效。它包含當前用來進行正式訓練課程的物質環境，以及狗兒在當中所獲得牠日常經驗與互動的這個結構性時空背景，都是非正式訓練發生的所在。物質環境以及狗兒的心智與生理健康，對於協助學習的過程均十分重要。而影響你家狗兒能學得多好的最重要因子，很可能是你在牠生命中所扮演的角色，社會關係對於牠的學習能力以及牠的一般行為有著很顯著的影響。本章是為你家狗兒創造最佳的物質環境，以及能進行結構性與非正式的學習的介紹。以下則提到了牠的社會需求。

理想的環境

　　你總得在有著最少讓狗兒分心的地方，開始訓練牠。那裡必須是你家狗兒所熟悉的環境，但不能有著太多有趣事物，因為牠不應該覺得這個環境比起你來得更有趣。最常令牠們分心的是人們、其他狗兒們、不熟悉的景象、不熟悉的聲音、不熟悉的氣味以及會移動的物體。

在許多不同的地點操作

　　一旦你家狗兒能夠在一個熟悉的環境中，做出令人滿意的行為時，就需移往其他有著少許可使牠分心的地點去練習。到廚房、臥室，以及後花園去，但只在狗兒將一些不同地點與訓練作關聯時，才開始增加令牠分心的事物。當每次你移到一個新的地方時，你家狗兒將會思考每件改變的事物，包含牠所學到的每件事。在到一個新的地點或有著令狗兒分心的新事物出現時，你必須得重新訓練牠。而你家狗兒將會發覺這變得日漸容易，然而，為要讓牠適應變化，你需要讓牠接觸更多的變化。

> **普遍化是指在某個環境下，將所學到的能力應用到另一個不同的環境中。**

在狗兒所熟悉，並且只有少許或是完全沒有令牠可分心的環境中開始訓練。

逐漸引進令牠分心的事物

當你開始企圖引牠分心時，要確認牠們在一開始訓練時沒有被打敗。例如剛開始時，在保持一段適當的距離之下，與其他狗兒們一起活動，或是非常輕聲的播放收音機，然後在牠學會應付得更好時，逐漸增加會令牠分心之事物的強度。

在高難度的情形下要重重的獎勵些微的進步。

當你改變訓練環境時，要預期這對於你家狗兒來說，難度會更高，同時要確定你身上帶有特別好吃的點心來作為獎勵。在具挑戰性的狀況下，要讓獲得獎勵的這件事變得更容易——要比平時你所給的獎勵來得更大，而且更頻繁。

要有耐心

假如你去參加狗兒訓練課程時，千萬不要期待你家狗兒在最初的幾堂課中能夠學到很多。通常其他狗兒和人們的出現，加上一個新的地點，會讓牠感到無比興奮，以致沒把其他事物放在眼裡。假如你在 1 小時內只能做到 5 分鐘具有效力的訓練，就已經可視為一個好的開始。起初總要在與其他訓練者和狗兒們，間隔一段距離後再進行，因為這會讓你家狗兒更能聚焦在你身上。

確保你家狗兒是舒適與健康的

確保你家狗兒在生理上是健康的，疼痛以及不適不僅會造成牠缺乏動機，還會引起焦慮與無法預期的攻擊行為。假如你原本興致高昂的狗兒突然變得無精打采，而且興趣缺缺，在期許牠做更多的練習

雖然這隻狗兒知道如何穿梭於竿子之間，然而在身旁有其他狗兒出現時，牠需要更多有效且更為頻繁的獎勵。

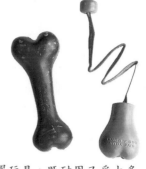

品質良好的橡膠玩具，既耐用又受大多
數狗兒的喜愛。圖中左手邊中間的玩具
中心有一個洞，可以用來填裝點心。

前，請先帶牠到獸醫那兒進行檢
查。

保持訓練課程簡短而愉悅

　　訓練對於你和你家狗兒應該一
直都很有趣才對，而短暫且頻繁的
訓練要比長時間卻怎麼不頻繁的訓
練來得更好。無論那堂課有多簡
短，總要在狗兒失去興趣前結束訓
練它。有些狗兒在一開始訓練時，
只能專注 3 或 4 分鐘，再過一段時
間，牠們將會更渴望較長時間的課
程。

非正式訓練的理想環境

　　即使你是超人，而且能每天花
上一小時的時間來訓練你家狗兒，
同時給予牠每天十小時的睡眠時
間。然而，正式訓練仍只佔據你的
狗兒醒著時間的 7 ％，剩下 93 ％
的時間中，在狗兒身上所發生的

事，比在正式訓練及一般行為上的
表現影響更深遠。

一個充裕的環境

　　提供你家狗兒一個充滿適當心
智與生理刺激的有趣環境，尤其當
牠自己獨處時。讓你家狗兒自行選
擇要玩的玩具、投入的活動，以及
牠可享受這些活動的地點。你能提
供的選擇越多越好，甚至可以提供
各式各樣材質的地面，如防撞玻
璃、土壤地、室內地板與路面，或
者不同的刺激，好比收聽廣播、音
樂和氣味。

　　然而，不要讓你家狗兒容易做
出不當行為。將你不想給狗兒作為
娛樂的可嚼咬物品收好，並且確保
牠所處的地方有適當的隔絕，以避
免牠跑出去。藉由提供一個充裕且
令狗兒感到便利的環境，來提供給
牠具吸引力的機會，使牠產生良好

行為。

因品種而異的需求

找出更多關於你家狗兒品種的細節介紹。狗兒的種類可以很明顯的從外表辦識出來，假如牠是一隻混種犬，你也許可以看出牠的母親是屬於那一個品種。找出狗兒所屬品種的原有特性，研究它是如何影響牠的行為和需求，來使你更有效的滿足狗兒所需。

牧羊犬與梗犬非常的活潑，而且需要給予牠們具建設性的活動，來使牠們生理與心智間均能保持在無法閒著的狀態。牠們是需小心照料的品種，而且飼主需要花費大量時間以確保牠們得到適度生理與心智上的刺激。當牧羊犬，好比邊界牧羊犬用在農場上時，牠們一整天的大多數時間裡都在工作。假如這正是牠們被育種的目的，就不難理解為何牠們能持續保持活躍狀態。槍獵犬，好比追蹤犬、指示犬與雪達犬也屬於工作犬，牠們會樂於攜帶一些東西在自己的嘴邊。就另一面而言，梗犬與臘腸犬則是培育來作為發現地下獵物用的，因此牠們偏愛挖掘和玩那些近似於獵物的玩具，例如會發出吱吱聲響和會彈跳的東西。

找出有創意的方式，讓你家狗兒藉由一些讓牠樂在其中的活動，得以宣洩精力。生理活動量不大的狗兒們，譬如巴吉度與聖伯納犬，

牧羊犬種如英國古代牧羊犬（古代長鬚牧羊犬）與澳洲牧羊犬，都具有高活動力，而且需要大量的運動。

不同犬種適合的居住環境建議對照表		
小型都市住所	大型都市住所	農場
巴吉度	阿富汗獵犬	安那托利亞牧亞犬
比熊犬	萬能梗犬	澳洲牧羊犬
尋血獵犬	阿拉斯加雪橇犬	邊界牧羊犬
牛頭犬	米格魯（獵兔犬）	英國獵狐犬
騎士查爾斯王小獵犬	牧牛犬	灰獵犬
鬆獅犬	拳獅犬	愛爾蘭獵狼犬
柯基犬	臘腸犬	傑克羅素梗
英國鬥牛犬	大麥町	帕森傑克羅素梗
法國鬥牛犬	杜賓犬	西伯利亞雪橇犬
義大利灰獵犬	德國牧羊犬	
馬爾濟斯	黃金獵犬	
諾福克梗	拉不拉多	
諾利其梗	薩路基	
哈巴狗	雪納瑞	
博美犬	斯塔福郡牛頭梗犬	
巴哥	羅德西亞脊背犬	
惠比特	長毛牧羊犬	
約克夏	短毛牧羊犬	
	威瑪犬	

也仍需要心智上的刺激和規律的社會互動。

大型犬需要更大的空間嗎？

　　並不盡然，這須視犬種而定。例如傑克羅素梗犬和臘腸犬體型雖小，卻屬於活潑好動的犬種，而且有經常吠叫的傾向，因此需要大空間，並不太適合較小的住宅。牛頭犬與鬆獅犬是低度至中度活動量的大型犬種，按比例來說，其所需要的空間比牠們的體型來得小些。關於犬種較適合之特定環境的例證，請參照上面的表格。這些僅是廣泛的準則，就好比任何狗兒的最終行為並非只與牠的遺傳背景（品種）有關，也和牠的社會化過程與所受的訓練有關。

哪些品種是良好的看門犬？

人們經常需要良好的看門犬，看門犬的功能是藉由吠叫來警示主人。一隻良好的看門犬不該過度的吠叫，牠只會在有正當的理由時才會如此做，而且看門犬並不需要具有攻擊性。

優良的看門犬舉例如下：

- 吉娃娃
- 德國牧羊犬
- 拉薩犬
- 博美犬
- 羅德西亞脊背犬
- 羅威那
- 雪納瑞
- 所有梗犬

德國牧羊犬是極佳的看守犬，但卻有過度吠叫的傾向。

把狗兒的嘴填滿

狗兒使用牠們的口鼻部來玩或吃東西，就好像人類使用他們的手一樣。狗兒畢竟是獵食者，因此牠們的下顎天生是用來捕食、甩動，以及咀嚼的。提供你家狗兒各式各樣的嚼咬玩具，如此牠才不會嚼咬不該咬的物品，例如管子或是桌腳（幼犬則常會嚼咬人類的四肢）。藉由在玩具上塗著美味的果醬，或在其內填充食物，讓玩具更具吸引力，同時將玩具分類為消耗品，如生皮製品與牛蹄，以及非消耗品，如強韌的橡膠類玩具。提供骨頭也很好，但要是大髓骨才是好的選擇，否則，它們在狗兒吞嚥後可能引起腸道阻塞。

食物分配型玩具是非常棒的玩具，因為它們可以提供心智上的刺激（狗兒們會發展出解決問題的技巧，因為牠們必須想出如何從玩具中把食物弄出來的方法），以及心理上的刺激（追逐玩具）。

最佳的食物分配型玩具是那些可以調整食物份量的，你可以自行改變食物量（當狗兒變得慣於解決這個食物謎題時，你可以提高它的困難度）。對於受食物激勵的狗兒們，填充食物的玩具可讓牠們玩上好幾個小時。

遊戲骰子（Buster Cube®）是一種極佳的食物分配型玩具。一開始時，藉由在狗兒身旁滾動該玩具，向牠示範該如何使用它，好讓牠看到食物是從那裡跑出來的。

Kong® 是市面上最受狗兒喜愛的傳統互動式玩具，藉由無法預期的彈跳可提供一些互動式的娛樂。

許多這類型的改版玩具都可在市面上買得到。你也可以在中空型玩具中注滿水，然後把它冷凍起來，以便在大熱天時提供一個既刺激又新鮮的玩具。

球類與鈴鐺對狗兒及人們來說都是非常好玩的玩具，它們有許多尺寸、款式及材質，多嘗試不同的樣式來看看它們對你家狗兒有何作用。拔河玩具也有許多的形狀和大小，而只有在你能掌控這種玩具時才能使用它。假如你家狗兒比你更強壯，而且總是「贏」你，首先，在你繼續玩拔河玩具之前，得花些時間教牠放下玩具（參見第七章）。（更多的玩具在第四章有詳盡說明）吱吱作響的玩具也許非常有趣，但是用在某些狗兒身上時，可能會造成牠們過度激動。如果你家狗兒對於吱吱作響的玩具有著極高的興趣，可把它的發聲器拆除但不要丟掉它，或者避免使用這些玩具，而堅持讓狗兒只玩那些能增強自制力的遊戲。

其他關於玩具的點子，包括冷凍的小毛巾（將廚房抹布弄濕、擰乾並打結，然後把它放入冷凍庫內）、冰塊、填滿花生醬的真骨頭、在有一個洞的大塑膠瓶中裝些可口飼料（不適用於破壞性高的狗兒，因為牠們可能會吃進一些塑膠）。

並非所有的狗兒都對玩具著迷，有些狗兒對於玩具有一種特別的愛好，多嘗試不同種類的玩具，直到你發現哪些是你家狗兒所偏愛的。

活動與嗅覺刺激的選擇

　　當你家狗兒獨處時，提供牠活動的選擇權。除了食物分配型玩具和互動式玩具（彈跳玩具）外，可以讓牠在你離開後，利用你留下、可一路被發現的飼料，來設計好一個尋寶遊戲。你也可以在不同且牠容易到達的地方，分別藏一些有趣、好聞的東西（食物或牛糞），藉此刺激牠的嗅覺。在花園裡的某一塊你不介意挖開的地方，埋設一些有強烈氣味的東西，或者，也可以把玩具掛在樹上或樑上。

　　你可以和狗兒一同參與的活動包含散步、訓練、遊戲，還有具組織性的狗兒運動，像是服從課程、敏感度、追蹤、誘餌等課程。一旦你家狗兒訓練有素，你甚至可以考慮參與一個治療團體。

地點的選擇

　　你家狗兒接近越多的地點，牠將越會發覺週遭環境變得很有趣。確保牠有不只一處的休息地：一個在太陽下，另一個在蔭涼的地方；一個有遮閉，另一個是開放的；一個是室內的，另一個則是有景觀的。這些地方均視你的狗兒要在那裡花上牠多久的時光，同時依照你家裡的環境而定。

為你家狗兒留下一條由食物組成的小徑，好讓牠在獨處時，一刻也閒不下來。記得依照你所給的尋寶活動和食物與玩具發配的量，酌減其每日的食物配給量。

　　藉由讓你家狗兒得以進入的瞭望地點，提供牠視覺上的刺激，也就是給牠一些高而安全的物體，從那裡，牠可以看到外面。這可以包含一個複雜的狗兒自助型叢林體能訓練，或者只是到陽台或窗台等地點瞭望。對於該在戶外玩的狗兒來說，不平坦的或是梯形地形的花園，都是理想的地點，因為它們提供了更多不同的高度階層供狗兒選擇。在灌木叢下方和窪地裡的藏身與休息地點，對於狗兒腦部內則提供了更多心智上的刺激。

體能運動

　　有一種常見的觀念就是，缺乏體能運動是造成狗兒行為問題的主要原因。雖然這個論述一定有它的事實根據，然而它卻應該要這樣修

正：被育種為體能充沛的狗兒，如牧羊犬與梗犬，當然需要大量的體能運動。

然而，鼓勵放任的運動是有其危險性存在的，因為狗兒可能會變得比較無法自我控制，這將導致其他的問題。總而言之，多鼓勵你家狗兒儘量運動，但是需要有一段規律的時間來叫牠回到你身邊，同時在體能運動中穿插自我控制的練習活動，以保持你對牠的掌控性（參見第六章）。

另一種鼓勵你家狗兒自我控制的方法，是教導牠安靜的坐著，好讓你能幫牠套上牽繩。叫牠坐下，而且只在牠坐下時為牠套上牽繩。每當牠開始顯得興奮時，解開牽繩、把它放下來，然後忽略牠改去做些其他的事。一旦牠平靜下來時，再做一次套牽繩的動作。這個訓練將教導狗兒，只有在牠能展現平靜與自制的行為時，才會被套上牽繩。

許多的狗兒並非是培育來進行高度的體能活動的，例如牛頭犬與巴吉度，牠們並不是典型的流線型

> 提供狗兒可控制且規律的運動。

體育愛好者，而且也沒有能力進行劇烈的運動。有著扁平臉部的犬種（短頭品種），在呼吸上和體溫散熱上有困難，因此，牠們有體溫過熱的傾向。你不該帶短頭犬種的狗兒在大熱天時做運動，或是在任何時刻讓牠運動過量。你也不應該把牠們關在一個通風不良的狹小空間內，如門關著的轎車內。體溫過熱的症狀包括喘氣、體溫過高，以及昏厥。在這樣的狀況下，要立刻將狗兒在冷水中浸濕，此外讓牠接觸到涼爽的空氣也是必須的。

你應該要提供狗兒機會來進行規律的運動，假如牠具有高活動量，一天中至少該讓牠運動一次。活動量一般的狗兒，你可以給一些運動，如散步、游泳和球類遊戲。

在你正幫牠套上項圈和牽繩時，要教導你家狗兒能安靜地坐著。

建立狗兒的學習環境

容許你家狗兒在散步時有嗅聞和探索的機會，尤其是在牠似乎對於一個特定的物體或是氣味感到緊張時，給牠一點時間讓牠習慣該物體或氣味。

不規律的運動會容易造成過度興奮與失控，堅守固定運動的時間，即便是每天在不同的時間中進行。

心智刺激

在造成狗兒問題行為的原因中，缺乏心智上的刺激不是比缺乏體能活動更多見，就是一樣常見。心智上的刺激可藉由提供先前所提到的各式活動與各樣的玩具、結構性的訓練，以及視覺與嗅覺刺激來達成。每天至少有一次的訓練課程，即使該課程只有 5 分鐘長。每天 3 堂以上的訓練課程是最理想的，而每堂課以不超過 20 分鐘為限，同時要讓你家狗兒感到有趣。在每堂課中，每進行數分鐘就休息一下，你可以玩一個遊戲，或是騷騷牠的肚子。

每天的散步不僅提供你家狗兒體能運動的機會，更可刺激牠的心智，因為其中有許多有趣的事物可以看、可以聞。准許你家狗兒可以不時的嗅一嗅和四處探索，但是不要讓牠來完全掌控你給的散步活動。當牠在散步時，因為沒拉扯牽繩並同時把焦點放在你身上而有良好表現時，可讓牠嗅一嗅並開心的玩，以作為獎勵。

養成習慣

養成習慣意指一隻狗兒習慣於環境中的新刺激，特別是指無生命的刺激，也就是說，它是相對於生物的物品和經驗。養成一隻狗兒習慣的最佳時機，是在幼犬早期之兩個月齡至四個月齡的敏感階段。

可讓幼犬接觸到坐車、居家用品發出的聲音、在桌子上被人檢

> A walk a day keeps the
> madness away.
> **每天走一走，瘋狗離開我！**

查、有輪子的物體、塑膠袋和雨傘等經驗。

讓牠接觸一個愉悅且被控制的環境，你也能讓一隻年紀較長的狗兒養成習慣。一個負面或是有創傷的經驗，可能產生相反的效果，而且可能導致狗兒對於特定的情境或物體產生恐懼，或者引發恐懼症。在處理現存的恐懼與恐懼症上，有系統的弱化作用和反制約作用（參見第九章）是必要的。

社會化

習慣人們、其他狗兒，以及其他動物的過程稱作社會化。再次強調，年幼的狗兒對於社會接觸的接受度非常高。年紀較大的狗兒也可以學習社會化，但是需要花較長的時間，而且需要相當大的耐心和高度的技巧。鼓勵你家狗兒和所有人們，以及其他的狗兒之間能有愉悅的互動，在牠表現鎮定時，給予牠獎勵（參照第六章中教導你家狗兒社交技巧的方法）。

（左）製造新鮮經驗，如上車，從一開始就讓坐車這件事成為狗兒一個愉快的經驗。

（右）這隻德國牧羊犬的幼犬第一次發現游泳池的存在，牠很有自信並且展現興趣——對於一個新刺激有適當的反應。

第 4 章
狗兒的社會與規則結構

為了要感到安全與安心，一隻狗兒需要信任牠每天所會與自己互動的人們。在狗兒社會體系中的人們，不論就個人或集體而言，若都是有效的管理者與值得信賴的領導者時，他們的信任感便會應運而生。稱職的管理者該知道如何有效的管理資源，尤其該知道如何管理社交活動。在不同的背景下，好的領導者會提供關於良好行為之正確且一致的回饋，並且清楚設定界線。藉著健康的社會結構與一個清楚的規則架構，狗兒知道該期待些什麼，以及你對牠們的期許為何。

資源管理

人們若是不能有效的管理資源，狗兒會變得焦慮不安。這就像一個企業：只要察覺到是在掌控下受管理，薪水族就會感到滿意；假設薪資是在預期狀態下給予，就不會產生焦慮。然而，假如管理效能差，不論是什麼原因使然，薪水族都會變得焦慮起來。他會覺得受到威脅，因為他的薪水可能不保。同樣的道理，你家狗兒就像是薪水族，牠想要被你僱用（而不是自己當老闆），因為牠自己並沒有能力有效的掌管資源（作為一個管理者）。

狗兒們開心的為牠們的「薪水」而「工作」，也就是說，牠要賺取寶貴資源的使用權。當牠們不認同生活中的人們是有效的資源供給者時，就會變得焦慮，而且這樣的焦慮會顯出各種不同的徵兆，例如過度尋求注意與攻擊行為（參見第九章中與控制相關的攻擊行為）。

為了有效的管理狗兒的資源，並且幫助牠們放鬆，我們需要了解狗兒的資源有那些。所謂的資源，是指那些對於狗兒來說有著重要價值的事物。狗兒們最重要的資源就是社會資源與生理資源。社會資源包含以下：

- 肢體上的互動（撫摸與接觸）
- 言語溝通（和狗兒聊天以及下達命令）
- 眼神接觸
- 訓練

這隻幼犬在訪客面前是放鬆的，因為飼主清楚給予牠關於領域的回饋。

撫摸屬於一種社會互動的形式。

- 遊戲
- 散步
- 理毛
- 打招呼

生理資源包括以下：

- 食物
- 私人空間
- 領域
- 休憩地
- 玩具

　　有效的資源管理是指創造關於權利與規範的一致性與可預測性。要訣在於向你家狗兒顯示你是所有美好事物（資源）的主要來源。牠也必須了解到若要獲得任何有價值的東西時，牠必須順服於你（聽從指示，就好比賺取薪水）。這些是在你期待能訓練成功之前的必要條件。假如牠不肯定你來作為管理者與導師，要讓牠有動機為你做事就

難了。

健全的社會結構

　　在一個健全的社會系統中，狗兒會認為人們是基本權利的提供者與資源的掌管者。稱職的資源管理者將確保狗兒在家中感到舒適、不受威脅，並且尊敬管理體系組成份子（如所有家庭成員）。在一個健全的社會系統中，社會互動多數由人類引發，狗兒並不會展現過度引起注意的行為，而多半是表現得自在又自信，並且會回應人們的指示。

病態社會結構的徵兆

　　人們缺乏領導，以及出現較差的資源管理模式，將讓狗兒產生不確定感。假如牠們不能清楚得知社會規範與結構，將會變得沒有安全感並且焦慮，而這焦慮會衍生出各種行為問題。一隻不能滿足於狗兒需要的社會系統，將會出現以下徵兆：

- 引發並控制多數和人類之間的社會互動。
- 總能引起注意以得到所需。
- 出現高度引起注意的行為（跳躍、抓抓、出現似公狗交配的姿勢、抓東西、吠叫、咬）。

- 控制實體資源如玩具、傢俱空間（沙發、床……）、往房間的通道。
- 忽視你的指令。
- 對家庭成員出現攻擊性。
- 其他行為問題，如強迫性性行為、對其他狗兒有攻擊性、將家中弄得髒兮兮（也可能有其他原因引起發這些行為）。

管理社會互動：由你來主導互動

　　你和狗兒之間的互動，必須是有組織而且是可掌控的，社會互動必須規律而且讓狗兒感到愉悅。為了要控制社會互動，在絕大多數互動中，你應是那位引發者及終止者（詳見第 66 頁）。假如你家狗兒每次總能成功的得到你的注意，就表明你尚未掌握互動的主控權。

　　你應當引發並掌控大多數的互動主權，而非讓狗兒來做主。不要在狗兒把牠的口鼻亂塞入你的臂彎時，而搔摸牠的耳後；不要因為牠在坐在那裡哀鳴就跟牠說話。只有在你認為的適當時機，才可進行以下行為：擁抱、說話、撫摸和一起玩耍。當狗兒安靜、放鬆而不堅持於引人注意時，就是適當的時間點。

　　你家狗兒將很快的學習到安靜

（上）可在狗兒年幼時循序漸進的引導，讓牠認知到梳理整潔是件正面的社會互動。
（下）定期的嬉戲玩耍是一項重要的社會互動，要確保你在遊戲中的主導地位。

與平靜的行為將會導致互動，同時會不常出現需索的行為。不要在牠有所要求或期待時立即給予注意，而是事先預測狗兒的需要，並在牠堅持前，由你來主動引發互動。假如牠已經開始引發互動，你要學著不要做出回應。在狗兒期待引起注意時，刻意忽略牠，對你而言會是件困難的事。

　　當一隻狗兒做出引人注意的行

為時，牠不一定需要情感的交流。許多時候，牠只是藉由得到回應來了解是誰在掌握主控權。如果你總是妥協並做出回應，你就等於在對牠說：牠是社會互動的主控者，而每當牠想要什麼，牠就能得逞。這將會讓牠感到焦慮，因為牠並不夠資格成為資源管理者，牠需要你來管理。

如何得知我家狗兒正在引發互動行為？

狗兒運用各種方法來引發互動行為，其中包括一些可能被稱為「正常」尋求注意的行為，例如：

■ 把腳掌搭在人身上
■ 跳躍
■ 凝視（盯著你看）
■ 吠叫或哀鳴

有些狗兒則可能發展出更多具侵略性的行為，甚至用頗有創意的方式來引起注意，舉例如下：

■ 在手臂或手上乘騎
■ 在腿上乘騎
■ 攫取物品然後跑開來引發一場追逐遊戲
■ 把球帶到你腳前放下，企圖開始一個啣回物品的遊戲
■ 輕咬腳、手臂和衣服（這些動作總能獲得回應）

■ 舔拭
■ 吠叫或哀鳴
■ 在你面前嚼咬不該咬的物品
■ 把家裡弄得一團亂

假如發生機率不頻繁，這些引人注意的行為大多是非常正常的，但是一旦過度時，就會成為一個惡性循環。狗兒越是能夠在引人注意的行為中得到牠想要的，就越想得到注意，而牠要引人注意的行為就會隨之強化。

忽視不意謂不做任何事

假如你家狗兒糾纏著要引起你的注意，學習主動的不理會牠。你不要只是不做任何事，而必須要這樣（也稱為「冷漠以對」）：

■ 注視其他方向（即使你僅是匆

狗兒的跳躍動作是因為飼主肢體接觸、眼神交會，以及言話溝通所強化。

匆對牠一瞥，也能增強牠要引人注意的行為）。

- 將你的手貼近自己──交疊雙臂相當有效。

- 保持安靜──這通常是最困難的部份。

- 轉身背向牠（如果你是站著時），或是轉動你的肩膀（假使你是坐著時），好讓狗兒看到你的背部。

- 必要時需走開。

- 假如你家狗兒極度興奮，可能需要把牠隔離數分鐘直到牠冷靜下來。

當這隻狗兒面臨冷漠以對時，牠便開始停止跳躍並平靜下來。

運用你的肢體語言向狗兒表明你在此時並不想和牠互動，同時等牠冷靜下來並停止做出引人注意的行為。一旦牠停下來並且放鬆時，你才可以給予牠關注行為（是有節制的關注行為，因為你不希望狗兒再一次興奮起來）。這樣牠便會學到保持平靜與自制的正向結果。

粗魯的迎接你回到家

狗兒們在牠們的主人回家時，通常會表現得過度興奮，它正好是「我們的行為能如何對家中狗兒產生顯著影響」的非常好的例證。人們在這種狀況下的行為表現，通常增強了牠迎接你回家時的高度興奮表現。也就是說，當狗兒們興奮的歡迎主人時，飼主傾向於以同樣興奮的心情回應牠們。這將教導狗兒知道，展現興奮之情是你可接受的。

相反的，當你回家時必須如上述予以「冷淡」回應，等到狗兒平靜下來後再開始一個有節制的互動。此時，狗兒將會學到當牠靜下來時，就會得到任何一種型式的互動。祕訣在於：要完全忽視牠，直到牠放鬆下來為止。起初要牠平靜下來可能要花上好一會兒，但是在接下來幾天回家之時，皆給予牠冷淡的回應之後，牠將會變得平靜許多，而且顯得更為自制。在你抵達家門時，牠應該一直保持有教養的

行為。

情緒分離

當主人離開家時，有些狗兒會變得十分憂傷，牠們會過度換氣、顫抖、嗥叫，有些甚至會以肢體動作試圖阻止主人離開。

這可能只是一個制約反應，或是一種重度焦慮的顯示（參見第九章）。假如分離焦慮是一種制約反應，就可以戒除。找出使得狗兒焦慮的原因——是拿起鑰匙？還是穿上外套？然後藉由你並未打算離開，而重複做數次離開前的例行動作，來降低狗兒對這類分離暗示行為的敏感度。給你家狗兒一個可咀嚼的物品或是其他可佔據牠時間的玩具，然後在你離開前的半小時內

只在你家狗兒平靜且自制時撫摸牠，而非是牠堅持要求你那樣做。

不理會牠，並且不要對牠說再見（牠才不會因此感到被冒犯）。你越是要讓一隻已經焦慮的狗兒放心，牠的焦慮情形將會變得更嚴重；反之，你越不對回家與出門這件事大驚小怪，你家狗兒將會越顯得自在。

計劃你的互動

若要滿足狗兒的社會需求，需要計劃並預先思考你將如何與牠互動，這需要從被動的回應改變為主動出擊（預期互動將於何時及如何發生，並且在對的時間進行互動）。

狗兒們不需要或不想要持續的得到注意。假如你家狗兒知道在規律的間隔休息時間中有段美好的互動時光，牠將會高興的等著這段時間的到來。你要給牠規律與正向的互動，並且保持一致性與可預期性。確保每天至少進行兩次互動（並且以你的方式結束），這些活動可能包含以下任何一項：

- 一個訓練課程
- 玩一個遊戲
- 散步或跑步
- 理毛
- 按摩
- 撫摸並跟牠說話

規劃出規律且具品質的時段來與你家狗兒共處，靈敏度訓練同時提供了運動和良好社會互動的機會。

不論你從事什麼樣的活動，請在心中謹記以下準則：

■ 互動必須是你和你家狗兒均樂在其中的事。
■ 你必須是啟動互動的那一方。
■ 你必須是結束互動的那一方。
■ 不要在你家狗兒行為不當時與牠互動。如同之前所論述的，不要理會牠的不當行為，並且當牠一旦平靜下來時，再試著與牠互動。

互動進行多久並不要緊，從 5 分鐘至 10 分鐘都是適當的。互動時間越長越好，然而時間較短但較為頻繁的互動要比一次長時間的互動來得更好。

一切是可預期的

就一隻狗兒來說，一個可預期的環境是一個安全的環境。一隻正常、健康的狗兒需要相當制式的例行活動，有些狗兒則可能發展出控制相關資源的攻擊性行為，在這樣的狀況下，你給牠們的例行性活動要變得稍微有點不可預期（詳讀第九章）。

對於牠們的行為，所有狗兒們都需要清楚且可預期的回應。不要在某些時候准許某件事，而在其他時候又不許。假如你能保持一致性，你家狗兒將會學得更快。

如果你家狗兒喜歡撫摸和抱抱，你可這麼對牠，但不要做超過了。

我還能夠愛我家狗兒嗎？

是的，當然可以！你仍然可以撫抱你家狗兒並且甜蜜的跟牠說話（如果這是你喜歡做的事），但要用你的方式來做。尊重你家狗兒的需求，大多數狗兒不喜歡人們整天在他們面前，他們通常會忍受是因為他們別無選擇。確保你和狗兒之間的關係對牠是有益的，而不是僅為了你個人的需求。

遊戲

玩遊戲是你和你家狗兒互動的極佳方式。你們可以玩啣回物品、捉迷藏以及拔河遊戲。如同其他遊戲一樣，要先定下規則，最重要的是不應該容許遊戲失控。

最好可以和你家狗兒一起玩某一種玩具，而不要讓牠習慣把抓住你的手臂和腿當成一件好玩的事。萬一狗兒興奮過度時，這可能很容易造成不必要的傷害。對於許多人而言，同樣好玩且粗野的角力遊戲，也可能有潛在的危險性，因為狗兒很容易放手，而且牠們的下顎可能會引起嚴重的傷害。狗兒們使用下顎就如同我們使用雙手一樣，因此每當牠們變得興奮時，就更容易使用下顎。雖然玩耍時所引起的傷害通常是無心的，但很可能在瞬間轉變為攻擊。

當遊戲變得粗野時，就該立刻停止，不動、起身然後離開。下次玩耍時，在還沒到達瘋狂階段時便要適可而止，同時引導狗兒去玩另一項玩具。記住，你必須是遊戲開始與結束的主導人。

拔河遊戲對於狗兒來說一樣有趣，但只有在你可以控制玩具時才進行。可以和牠一起拔河並讓牠「贏」上幾分鐘，但你最終得拿回玩具的主控權，同時把它收好。最好把拔河玩具放在狗兒搆不到的地方，只在準備好要玩的時候再拿到牠面前，然後在遊戲結束後將它收好。如果你家狗兒喜歡自己玩，或跟其他狗兒們一起玩拔河玩具，你

你在拔河遊戲中要能控制玩具，並教導你家狗兒能欣然、立即放開玩具。

可以另外準備一個牠自己取得到的拔河玩具。只要將你和牠一起玩的那一個玩具收好並讓牠無法拿到，直到你準備要和牠玩便可。當你指示狗兒們放開物品時，牠們應該要願意這麼做。你需要教導你家狗兒願意「放下」或「交出」一個玩具或其他物品，請參考第六章。

> **避免與牠玩爭奪的遊戲。**

狗兒的社會與規則結構

散步

狗兒們喜愛散步，但是這必須是你也喜愛的活動。因為太多的時候都是狗兒們帶著牠們的主人散步——狗兒們一股腦兒地往前衝，在牽繩另一端的主人沿途以一種相當沒有尊嚴的方式被拖著走。

為了要讓散步在你和你家狗兒之間都成為一種樂趣，而且是你可以控制的活動，所以在整個散步過程中，狗兒需要都察覺到你的存在。有些狗兒們很自然地就能做到這點，然而大多數的狗兒則需要訓練，以便把專注力放在牽著牠們的人身上。

散步是屬於你並由你賦予掌控權的活動。你可以確實的期待你家狗兒走在你身旁而不是拉你往前走，而一旦解下牽繩，你一叫牠，牠必須樂意、立刻回到你身邊（參見第六章關於建立焦點的訣竅，以及將它運用在使狗兒抬腳和召回狗兒上）。假如你能控制散步活動，你家狗兒在沿途遇到陌生人和其他狗兒們時，比較不會有反應，而一旦牠處於不熟悉的情境下時，也比較會注視著你來尋求指示。必須在由你掌控的散步活動中讓你們彼此都能從中受惠。

孩童與狗兒

理想情形下，狗兒們應該能和小朋友們愉快互動，而且家中的孩童應該是資源管理結構中的一部份。可以在狗兒的日常管理訓練中，藉由孩童的參與來達成，例如：讓孩童在用餐時間餵食狗兒（在監督下）；在大人訓練狗兒時，於課程進行中讓孩童餵牠們吃點心。

多數從幼年起便開始受正確訓練和社會化的狗兒們，待在孩童們身邊時應該都沒什麼問題，而某些品種的狗兒確實更能適應與融入一個忙碌生活的家庭。一隻非常敏感的狗兒出生後的頭幾個月中，若遇到帶給牠們不太愉快經驗的孩童，就可能會對家庭生活適應不良。

陪伴孩童的理想狗兒是體型中

這隻狗兒在散步課程中遇到一個陌生人，牠正在練習著自我控制。

等、自信且喜愛人們的品種，牠喜愛玩耍，同時不容易激起攻擊性行為。大型犬可能也有著良好的性情，但是牠們在玩耍時卻可以輕易的將幼童撞倒，而這經常會變成一個惡性循環——當孩童開始尖叫並且跑開時，會使狗兒變得更加興奮，導致咬和啃嗜的行為發生。

應該在一開始就教導幼犬不得往人們或是孩童的身上跳，也應當教導孩童們對喧鬧的狗兒如何做出反應，並要溫柔對待狗兒以及何時該讓狗兒獨處。對於幼童以及蹣跚學步的幼兒來說，這可能有難度。蹣跚學步的幼兒有戳、擰、拉的傾向，而且無法適當地控制肌肉群的運動。因此，狗兒可能很容易認為他們的動作是具威脅性的。

所有孩童（甚至到青少年階段）與狗兒之間的互動，都應該在成人的監督下進行，千萬不要獨自留下一個幼童和狗兒在一起。當你不在身旁監督時，確保狗兒被限制在一個安全且舒適的地方。

此外，迷你型犬也不適合與年幼好動的孩童玩耍，因為牠們的骨頭非常纖細，可能容易不小心因摔落而斷裂。

不僅是有幼童的家庭應當仔細考慮該選擇什麼品種的狗兒，年紀大的人們以及行動不便的人士亦然。在這種情況下，這些人會需要一隻社會化且易於訓練，同時比較不容易太興奮，而且運動量的需求較低的狗兒，例如，貴賓犬或獵犬。

（上）教導你的孩子在面對一隻喧鬧的狗兒時要不加以理會。
（下）這個孩子因狗兒平靜且不跳躍而給予牠獎勵，這個動作給了這隻狗兒一個清楚並一致的訊息。

適合有幼童之家庭的犬種

小型及中型犬種

■ 貝吉生犬 ■ 米格魯 ■ 比熊犬 ■ 波士頓梗 ■ 牛頭梗 ■ 可恩梗 ■ 騎士查爾斯王小獵犬 ■ 義大利灰獵犬 ■ 查爾斯王小獵犬 ■ 拉薩犬 ■ 馬爾濟斯 ■ 諾福克梗 ■ 諾利其亞梗 ■ 蝴蝶犬 ■ 哈巴狗（北京狗）■ 巴哥 ■ 喜樂蒂牧羊犬 ■ 西施犬 ■ 激飛獵犬 ■ 斯塔福郡牛頭梗 ■ 玩具貴賓犬 ■ 惠比特

大型犬種

■ 阿富汗獵犬 ■ 波爾瑞（俄羅斯獵狼犬）■ 拳師犬 ■ 牧羊犬 ■ 大麥町 ■ 大丹狗 ■ 愛爾蘭獵狼犬 ■ 紐芬蘭犬 ■ 指示獵犬 ■ 所有尋回獵犬（如黃金獵犬）■ 薩路基 ■ 薩摩耶 ■ 雪特犬 ■ 標準貴賓犬 ■ 威瑪犬

不理想的犬種

■ 秋田犬 ■ 安那托利亞牧羊犬 ■ 鬆獅犬

管理生理資源

管理食物資源：吃的安排

說到吃的安排，你應在特定的用餐時間餵食你家狗兒，而非無時無刻都讓牠可以吃到東西。決定何時該餵食是你權利，而非你家狗兒。不要只在牠向你乞討食物時，才餵牠吃東西。在開始餵食時，藉由坐下和等待你的指示來給牠食物，要期待狗兒能為食物而工作（以及點心）。

保持一致性：假如狗兒不遵從你的指示，你必須拿走食物，待一會兒後再試一次，或者乾脆等下一次餵食時間到來。下達指令（只要求一次），然後等待幾秒鐘，若牠沒有回應，便把飯碗拿走，過一會兒時間再來做一次。如此，狗兒將會很快、認真的要學到你對於想要牠在得到食物前需要做到的事。

> 你家狗兒必須做點事來
> 賺取牠的每一餐。

> ### 在十五分鐘內拿走未吃完的食物。

把食物擺放一特定期間，若牠沒吃完便把食物拿走。一般而言，10 至 15 分鐘已足夠讓一隻狗兒吃完牠的一餐（許多狗兒吃得比這快得多）。假如牠非常挑嘴，可藉由添加可口的肉汁或是搭配一些肉類來增加食物的吸引力，但是不要把食物擺放超過 15 分鐘。不要對這個時間感到大驚小怪，或者用手餵食狗兒。在預定時間過後，拿走牠的飯碗，並且只在下一次用餐時間再進行餵食。狗兒不會因此挨餓，因為在某個時刻裡，牠將會了解你為何拿走飯碗的意思，並且會在你餵食時立刻開始進食。這可能要花上幾天的時間，但只要你有所堅持，就會得到好結果。

管制餐點除了行為面的好處外，還有其他幾個實際的好處。例如，食物不易滋生螞蟻，也不易被家用有毒物品以及鳥類所污染（假如你在室外餵食狗兒）。如果你家狗兒平日規律的用餐，你也將會更快的察覺牠生病的徵兆，好比食慾降低的徵兆將會變得更加明顯。

個人空間管理

你家狗兒應當樂意分享牠的私人空間。當然，你的要求應該要在合理範圍內──經常性的侵擾狗兒的私人空間，或者用一種會引起苦惱或不適的方式侵擾牠（就像幼童經常做的），還期待牠能欣然接受，這當然不公平。然而，牠應當允許讓你觸摸牠的全身。理想狀況是，牠應當在你檢查牠的頭部、耳朵、口鼻、嘴巴、腳掌、脅腹和拉高牠的尾巴時，保持不動並呈現放鬆狀態。

為了達到這樣的狀態，一隻幼犬必須經常被不同的人們觸摸，而這對牠來說也應該一直成為與食物和其他獎勵有關聯的愉快經驗。

假如你家狗兒有抗拒觸碰的情形，尤其曾在被觸碰時產生攻擊性

定期檢查你家狗兒的牙齒、耳朵和腳掌，好讓牠習慣於有人觸碰這些部位，並鼓勵牠也允許別人對牠這樣做。

你家狗兒可能將一個沒有床的地方視為是自己的睡覺區域，假如這是在走道上，要教導牠起身讓你得以通過。

行為的經驗時，就要十分小心。假如你家狗兒在你觸碰牠時會畏縮、扭動、試著逃開，或是嗥叫、猛咬時，將需要藉由一種漸近式、系統化的方法來降低牠對於觸碰的敏感度（參見第六章）。

睡眠安排

你家狗兒會視牠的床或狗屋為其私人所有物？而當牠在其「巢穴」中時，還不許你碰牠？要讓幼犬習慣人們有權管理牠的床，而且當牠在床上時，要對牠正面、放鬆和人們互動的行為施予獎勵。經常進入你家幼犬的床上，並且移動床的位置來提醒牠只是向你「租」房子。

在你家狗兒的床上進行一些訓練，好讓牠漸漸習慣遵照你在牠的床上或床邊下指令，可讓牠在床上坐下並等待，或是玩些小把戲來獲得獎勵。如果牠在當你靠近時表現出攻擊性，在你正著手得到基本資源控制的同時，先暫時拿走牠的床。

假如你家狗兒認為你的床是牠的地盤，而且不讓你的親友靠近時，你需要即刻有所行動。參考第九章裡，關於控制相關攻擊性的建議，但記得要找一位合格的動物行為學家立即協助你。在此同時，把你家狗兒從你的臥室中趕出去。

人們該准許狗兒們上你的床嗎？這是個人的選擇，假如你喜歡讓狗兒跑到傢俱上，儘管准許牠這麼做。然而，最佳狀況是，你家狗兒只有在你邀請下才會跳到傢俱上，而不是因為這是牠的偏好或權利。教導你家狗兒依照一個暗示做出跳到物體上的動作，你唯一的課題是何時想要牠跳。在傢俱上自由往來的確有其危險性存在，家中有著小嬰兒的人們會發現很難處理那些經常會跳上傢俱的狗兒。有些具攻擊性行為的狗兒（參見第九章）常在被命令或被帶離傢俱時咬人。

> 由你來決定你家狗兒什麼時候該擁有什麼樣的玩具。

控管玩具

藉由將玩具收納在玩具箱中來進行玩具控管，並且以輪流的方式將它們取出，所以你家狗兒在一特定時間內，只會有二至三種玩具可玩。讓拿出玩具來、檢視它們，並且再次分發的所有動作，均如同一場戲劇般有趣，這能保持你家狗兒對玩具的興趣，也是在向牠顯示你正有效的管理資源。

領域管理

教導你家狗兒如何在領域界線中表現，牠必須知道如何在大門、花園柵門，或是圍籬笆外迎接人們（參見第六章）。管制一些牠能進出的區域，因為牠不需要成天和你在一起。不時的關起你和狗兒之間的門，而且不要為此大驚小怪。你家狗兒沒有你在身旁陪伴，有時必須自己照料自己，這對於牠而言應該是件正常的事。

不受拘束得以自由接近其主人的狗兒們，可能會在你離開時逐漸產生分離焦慮症，因為牠們從未學習獨處。從小教導一隻幼犬該如何獨自在家的技能，將有助於減緩這種問題。

不同區塊對於一隻有領域的狗兒而言有著不同的價值。那些人們

定期更換玩具，好讓你家狗兒看出是你在控管它們。

在其中花上許多時間的地方，尤其是和牠互動的所在，如客廳或廚房等，對於狗兒來說有著高價值。處理你與狗兒之間的關係時，要察覺一個領域的相對價值，因為狗兒比較會在一個具有高價值的領域裡打架。

建立一個清楚的規範結構

教導你家狗兒做正確的事，好讓牠將來比較不會做錯事。這是訓練一些基本練習的最大好處——在你家狗兒可能不確定要做什麼事的時候，你正提供牠一些正確的選擇。假如坐下等待或是做翻滾動作已經在過去被強化無數次了，當牠處於一個有壓力的情境時，這些就是牠將會想到要做的事，而不會去咬東西、吠叫或逃跑。給予狗兒所有牠可運用、可被接受行為的相關技能（參見第六章與第七章），牠將會學會在一特定情境下思考後再行動，而非衝動行事。

設定界線

可藉由給予狗兒合宜行為的一致與正確回饋來設定清楚的界線。依照第八章及第九章所述的方式來對付問題行為。你可以運用物理上的界線，如護欄之類的東西來把你家狗兒隔離於屋內特定的區域外。經過一段時間後，這個反應將會被制約，即使狗兒沒有問題行為出現時，牠也將會稍微避免進入這些區域內。

一致性

你必須保持一致性，好讓你家

藉由不時的關門，來管理狗兒進出高價值區域的通行權。當你不在家時，這將幫助牠應付獨處的情境。

你可以藉由觀察你家狗兒選擇或要求花上比較多時光的地點，來鑑別何處為具高價值的地方。

讓家人一同參與資源管理，好讓狗兒得到一致性的回應。可讓孩子在你的監督下餵食狗兒。

狗兒能信任你，並知道你對牠有什麼期待。不僅在你與牠共處的那段時間內，也要在你行使規範與展現期待時，均保持一致性。這適用於所有家庭成員，假如家中每個人都各自設定不同的標準，狗兒將會十分困惑。與家人在如何對待狗兒的事情上達成協議，並且時時堅守。

也要訓練你的客人，他們也必須學習和何做出適合的反應（參見第六章：在大門或柵欄的興奮）。

第 5 章
認識狗兒的壓力來源

狗兒也有情緒嗎？

　　是的，狗兒們具有情緒與思想。牠們能感到害怕、生氣、焦慮、興奮與快樂，產生如人類情緒的化學物質與腦部結構，在狗兒身上也同樣能看到。然而，牠們對於情緒的感受方式與我們不盡相同。狗兒們可以察覺到我們的感覺，甚至可對其做出反應，然而牠們可能沒有臆測我們在想什麼的能力。

　　人類很容易以為狗兒有嫉妒、罪惡感等情緒，然而事實上，狗兒只是對環境中的事物做出反應罷了。一隻狗兒會因自己的主人注意到其他的狗兒，而跟那隻被注意的狗兒打架，牠不是出於嫉妒，而僅僅是對於一個有珍貴資源的人（牠的主人），牠感受到了威脅。一隻狗兒會顯出有罪惡感的樣子，則是因為牠試著避免一個看似為衝突的開端。

　　情緒幫助動物適應內在或環境中的壓力，狗兒們持續的接觸會引發情緒的刺激，所以牠們才以一特定方式行事。當一個威脅出現時，可能引起害怕與恐懼的行為，或是憤怒與攻擊的行為。狗兒害怕一個預期的威脅，這將導致牠的不安與焦慮行為，即使這個威脅本身並未出現。

　　每隻狗兒處理情緒的方式均不同，一隻狗兒可能會因為某件事而產生高度壓力，但對另一隻狗兒而言可能完全沒反應。遇見一個不熟悉的人可能引起某些狗兒的恐懼，但某些狗兒卻可能感到興奮。一隻狗兒如何對一個刺激做出反應，將視牠的基因組成，以及牠自過去所學習到的經驗而定。

腦部與情緒

　　腦部是由數百萬個稱作神經元的細胞所構成，神經元會製造影響身體功能與行為的化學物質，這些化學物質被稱作神經傳導物質。神經傳導物質的不平衡（增加或減少），會引起情緒與行為的異常。人們的血清素過低則與沮喪情緒有關，而狗兒的血清素過低則與焦慮、恐懼，甚至與強迫行為有關聯。不同的神經傳導物質可能在某

仔細觀察耳朵的位置、尾巴的動作、身體的姿勢和眼神，可幫助你更了解你家狗兒的意圖與感覺。

兩隻狗兒互相打招呼時，肢體語言的些微改變正在發生。注意左邊的這隻狗兒正將牠的重心移至後方，表示一種不具衝突性的態度。在右邊的狗兒將牠的右腳掌微微抬離地面，也是一種友善互動的訊息。

一種行為中扮演著同樣的角色，例如，多巴胺也會影響強迫行為。

　　大多數用來治療問題行為的藥物會有效用，是因為它們改變了腦中的一種或是多種神經傳導物質的濃度。當神經傳導物質的濃度改變時，將會引起行為改變；反之亦然，意即一個行為上的改變也會影響神經傳導物質濃度的改變。這是行為修正論的基礎：假如你可以教導有著問題行為的動物，在一特定的條件下做出不同的行為來，這個行為上的改變將會讓腦中的化學物質平衡產生變化，接下來就會導致持續性的正常化行為。

　　改變一隻狗兒行為的祕訣在於肯定牠的情緒。牠的行為反應了牠的情緒，藉由了解某個行為的類別代表著哪一個特定的情緒，我們就可以指出潛藏於問題行為下的根本原因。

解讀你家狗兒的肢體語言

　　一隻狗兒的情緒狀態反應在牠的肢體語言上，正確的評估牠的肢體語言，你可以學到更多關於狗兒心智狀態的分析，而這將使你在不同情況下，更能判斷出關於狗兒如何做出反應的抉擇。

　　一隻狗兒的學習能力與牠的情緒健康有直接的關聯。若一隻狗兒越放鬆，牠就會學習得越好；若一隻狗害怕、具攻擊性，或是總感覺焦慮，那麼牠將很難有效的學習。成功的狗兒訓練師能肯定狗兒的情緒，並能藉由仔細觀察牠所發出的肢體訊號來正確的預測且調整牠們的行動。

　　狗兒臉部表情、姿勢、尾巴和耳朵的位置、眼睛注視的方向與嘴

雖然這隻狗兒正在吠叫，然而牠的耳朵向後，這表示一種純屬好玩、不當真的態度。

唇的微小改變，皆可提供關於牠心智狀態的寶貴的資訊。假如我們能更透過視覺訊號來了解狗兒用來做彼此溝通的複雜世界，將會更成功的與狗兒們進行溝通。

狗兒們運用視覺訊號來反射牠們的社會地位與情緒。社會地位為支配／攻擊性、順服／謙恭，或是兩者兼具。情緒訊號指的是焦慮、恐懼、憤怒、自信或好玩。第85頁中的表格列舉出一些不同的視覺訊號，而且提供關於此時狗兒感受為何的資訊。不同的訊號在不同的情境下代表了不同的意義。當你在解讀狗兒的肢體訊號時，全面性的了解並不對其發出的單一訊號做斷章取義是很重要的。當你要斷定一隻狗兒在一特定時間點下的心智狀態時，需先全面性了解牠發出訊號的來龍去脈。

並非所有的狗兒都有同樣表達的肢體語言能力。在許多案例中，牠們展現視覺訊號的能力已經變弱。例如，培育來用來打鬥用的狗兒們，並不會表現所有攻擊的警示訊號，因為牠們需要快速引發攻擊，而不給對手準備的機會。其他的品種則不能顯示出某些視覺訊號，因為牠們在生理上無法這樣做。例如，有著垂耳的狗兒們不能豎起牠們的耳朵，而且牠們耳朵前後的移動也比有著豎耳的狗兒們來得難以辨識。捲尾的狗兒們不能把尾巴往下夾，或是左右搖晃的大幅擺動；長毛犬無法藉由豎立毛髮來

（上）注意這隻獵犬的眼睛，其上方皮膚略微緊縮，眼神直視前方，顯出些微緊張的樣子，因為牠正注視一個潛在的威脅。

（中）這隻邊界牧羊犬的臉部呈現鬆弛狀態，嘴微張與身體重心往後，這動作指明友善互動的意願。

（下）一旦年幼的狗兒被允許自由自在的互動，牠們大多數在剛開始會有些許緊張的打招呼動作，但最後還是會在一起玩耍。

表達恐懼以及攻擊性，而且牠們的臉部表情也難以看清。

肢體語言的解讀

順服的狗兒們欲避免衝突，通常會顯示出縮短距離的訊號。這個訊號是對其他不具攻擊性的狗兒們的邀約，也是沒有攻擊意圖的保證，就好像是在說：「嗨！讓我們彼此認識吧！」。然而，密集的縮短距離號也可能表示恐懼或是焦慮。縮短距離的訊號包括：

- 低頭玩
- 放鬆的將腳掌抬起
- 拱背
- 耳朵放低
- 露出牙齒
- 翻滾
- 尾巴放低或大幅度的搖尾巴
- 降低身體或是蹲伏
- 迴避眼神接觸
- 臉部肌肉鬆弛

冷靜的訊號也屬於縮短距離的訊號，它可使發出該訊號的狗兒和引發互動的狗兒，雙方冷靜下來。狗兒在感到焦慮或是沒有安全感的時候會使用冷靜訊號，就好像是在說：「我要你知道我不並想發生衝突，如果你也這樣想的話。」冷靜訊號包括以下項目：

- 轉移視線
- 瞇眼
- 舔嘴唇或是鼻子（吐舌頭）
- 坐下或躺下
- 嗅聞

（上）低頭匍匐表明有以嬉戲的方式和對方互動的意願。

（中）這兩隻狗兒的尾巴都以很放鬆的方式舉到超過水平線以上的位置，它指明正向的互動。

（下）注意兩隻狗兒在初次見面時，彼此背脊都呈現彎曲狀態，右邊年幼大丹狗的尾巴向內夾縮。較年幼的狗兒對於較年長的母狗會顯出服從意願，這是適當的打招呼行為。

肢體語言的解讀		
身體部位	差異	提供的訊息
身體姿勢	四隻腳站得直直的，後腳分開 低頭 順服／屈服	自信 防衛 想玩 焦慮／沒有安全感
	拱頸、身體重心向前	自信 警戒 挑戰 支配／具攻擊性
	前腳搭在其他狗兒的肩上	支配／具攻擊性 若母狗處於發情期則是性行為
	身體放低	放鬆 順服／屈服
	蜷伏	恐懼 順服／屈服
	翻滾、露出肚子 僵直挺立的站姿、背脊筆直堅挺	順服／屈服 警戒 支配／具攻擊性 挑戰
	放鬆的姿勢、背脊彎曲（水平彎曲，若從上往下看，背脊呈現一個 C 字型）	友善互動的邀約
	放鬆且殷切期待地抬起前腳掌 僵直且堅定地抬起前腳掌 前肢趴在地上，後肢抬高（似鞠躬狀）	友善互動的邀約 挑戰 友善互動的邀約，意即所謂的「玩鞠躬遊戲」
眼神	直視	自信 支配／具攻擊性 挑戰
	緊盯、瞳孔放大 轉看別處／迴避眼神接觸	挑戰 焦慮／沒有安全感 順服／屈服 恐懼
	眨眼 瞇眼	焦慮／沒有安全感 焦慮／沒有安全感 順服／屈服
耳朵	豎立	警戒 自信 支配／獨斷

尾巴	向後貼平 放低、鬆弛、下摺	挑戰 恐懼 順服／屈服 焦慮／沒有安全感 想要玩耍
	舉高（高過背部）	自信 支配／獨斷 挑戰
	放低（低於背部，或是比正常姿勢低）注意視覺型獵犬天生尾巴就位於低水平線 夾於兩腿之間	焦慮／沒有安全感 順服／屈服 恐懼 恐懼 順服／屈服
	左右大幅搖擺 僵硬地搖擺，只有尾尖搖擺 僵直	興奮／想要玩耍 挑戰 警戒 支配／獨斷 挑戰
嘴唇	向後拉，狀似微笑，嘴角呈放鬆狀態（露齒笑）	順服／屈服
	向後拉，嘴角上揚，皺起，只露出前齒與犬齒（咆哮）	支配／獨斷 挑戰
	向後拉，露出所有牙齒，嘴角緊繃 舔嘴唇	防衛 恐懼 焦慮／沒有安全感
毛髮	舔其他狗兒的（或是人的）嘴唇 背部的毛髮升高（毛髮豎立）或是只有肩部和尾巴根部的毛髮升高	順服／屈服 恐懼 焦慮／沒有安全感 挑戰
臉部表情	肌肉放鬆、臉部平滑	放鬆 順服／屈服
	肌肉緊繃並僵硬，皺眉蹙額，皮膚明顯隆起，或是在嘴唇邊的皮膚與嘴角和口鼻部脹起 鼻孔撐開	挑戰 焦慮／沒有安全感 焦慮／沒有安全感 恐懼 挑戰
動作	直接靠近	自信 支配／獨斷 挑戰
	迂迴前近	友善互動的邀約 順服／屈服
	呆住——不動	恐懼

- 打哈欠
- 以迂迴方式而非直線接近對方
- 打噴嚏
- 搔抓
- 搖擺身體

（上）這些縮短距離的訊號近似焦慮，
注意這隻梗犬彎曲的背脊、頭部
放低、耳朵貼下，以及腳掌微
抬。

（中）焦慮——頭部轉開，但是眼神
（露出眼白）仍注視著這隻狗兒
顧慮的某樣東西。

（下）此時這隻狗兒已經放鬆多了，牠
的頭部和眼睛朝往同一方向，轉
離牠先前顧慮的源頭，微張的嘴
也是緊張程度降低的徵兆。

要小心過度判斷鎮靜信號：所有打呵欠的狗兒們不一定是感到焦慮，牠們可能只是累了。就好比，嗅聞在許多情形下是一種常態行為，祕訣在於要整體來看，將其他的訊號及身體狀況一併納入考量。

如嗅聞、打噴嚏、騷抓及搖晃等行為經常在不知來龍去脈下，被指為情感轉移的行為。當狗兒感到焦慮並且不確定要做什麼事時，這類行為會成為其他行為的替代，因此狗兒會抓牠並不感到癢的地方，或是嗅聞沒有什麼氣味的地方。當我們不知狗兒是否真的癢，或是在聞一個真正存在的氣味時，就必須尋找其他的訊號，並且不斷章取義的將此類行為解讀為情緒轉移行為。

距離增加的訊號，表示狗兒希望與牠互動的人不要接近屬於牠個人的空間。牠希望增加自己和牠可能認為是個威脅事物之間的距離。距離增加的訊號意謂避免衝突，然而假如威脅持續，狗兒將會主動準備攻擊。這訊息為「退後，否則我會攻擊」，這都訊號是攻擊意圖的警告。而支配性及具攻擊性強的狗兒們也會經常、巧妙的運用距離增加的訊號來維護其社會地位，它包含以下訊息：「請滾出我的個人空

注意這隻公拉不拉多筆直的姿勢、舉高的耳朵和豎起的耳朵,均指明社交自信;另一隻狗兒正微微曲身,放鬆地看著牠。

注意這兩隻狗兒如何把牠們的重心往後移,玩耍著進行互動。

間」。距離增加的訊號包括以下項目:

- 筆直站姿、後腳站開
- 頸部僵直拱起、背脊堅硬
- 咆哮,只露出門牙與犬齒
- 耳朵豎起
- 面部肌肉緊繃,在口鼻部與沿著嘴唇部位可清楚見到隆起的線條
- 尾巴抬高、尾端可能僵硬地擺動或不動
- 盯著看、瞳孔放大
- 毛髮豎立 (毛髮豎起)
- 撐開的鼻孔
- 腳掌僵直的抬起

混合訊息

害怕的狗兒們會顯現出距離縮減的訊號,但是在狗兒無法逃離令牠害怕的源頭而有強烈的恐懼感時,可以見到距離增加與距離縮減的訊號混雜著出現。當防衛的狗兒們感到界於憤怒與恐懼間的衝突時,牠們也會展露出混合訊號。

運用你的肢體語言與狗兒們溝通

用距離縮減訊號來降低焦慮

你可以運用距離縮減訊號,來讓一隻狗兒確信你對牠而言不是一個威脅,這適合用在與害怕、過度服從且焦慮的狗兒的互動上。

不要有直接的眼神接觸,而是把你的頭轉開。從旁接近狗兒而不是用身體正面來迎向牠,如果需要,你身體要保持在低的位置,也可以坐下來。往後靠,而不要把你的重心往前移,不要做出很突然的動作,再等待狗兒開始跟你有所互動。你甚至可以打呵欠、舔嘴唇並

這隻大丹狗運用放鬆的將腳掌抬起來引發一場嬉戲，但人們用雙手將狗兒們推開時，牠們通常將之解讀為一種玩耍的訊號。

且眨眼睛（對於人們使用鎮靜訊號是否對狗兒有效，在科學家之間仍有著爭議。大多數的專家同意鎮靜訊號在狗兒之間確實有效用。然而，當爭議仍在進行時，你連用鎮靜訊號是絕對不會造成任何傷害的。畢竟其他形式的視覺溝通，如避免眼神接觸，以及移動身體重心是必定有效的）。

運用你的臀部與肩膀

狗兒們運用牠們的臀部與肩膀來控制彼此的動作，所以牧羊犬以相似的方式，運用牠們的身體來使羊群移動，而你可以非常有效的運用你的身體來控制一隻狗兒的動作。會跳到人們身上活潑好動的狗兒們，對於臀部與肩膀的動作有很好的反應，假如你正站立著，狗兒跳到你身上時，只要在牠正要跳上來的時候，交叉雙臂，轉而背向牠，將你的臀部與肩膀移動對著牠即可。當你坐下時，亦可轉動你的肩膀好讓你的臉轉離狗兒，或是你可以往前靠，運用你的肩膀阻擋牠跳上來。用你的雙手將狗兒推開並不是一個有效的方法，因為大多數的狗兒們會將此解讀為玩耍的邀約，這可能讓牠聯想到放鬆的將腳掌抬起的動作。

鼓勵友善的方式

藉由離開而非走向牠的方式，來鼓勵害羞的狗兒接近你。也就是說，將你的身體重心向後移動來說服狗兒再靠近一點，而將身體向前

運用你的臀部與肩膀來控制與一隻喧鬧狗兒之間的互動。

靠，能使狗兒打消靠近你的念頭（如果你想要狗兒留在牠原來的位置，比方要牠在門邊等著而非往外衝時）。跑離一隻狗兒，比起衝向一隻狗兒，較能讓狗兒走近你。學習狗兒的語言，指的就是做許多與人類本能直覺相反的事。

如何跟一隻狗兒打招呼？

人類正常的打招呼行為是直接接近另一個人，目光接觸，並且伸出手來緊握另一個人的手。然後，隨之而來的通常是為了親吻而將彼此的臉互相靠近，以及以友善的方式互相擁抱。

這是人們彼此打招呼的方式，人們也就自然而然的以為可以這樣來和狗兒打招呼。許多狗兒們學會接受這種從牠們所熟悉的人們而來的打招呼方式，但是這樣的方式若來自於牠們所不熟悉的人們，大多數的狗兒們會將其視為極具挑戰意謂的行為（參見下表）。狗兒可能會有不同的反應行為，這要視牠所感受到的威脅程度而定，例如從鎮靜訊號證明出牠的焦慮，或由外顯

一隻狗兒如何解讀人類的打招呼		
人類所做的	**狗兒所見的**	**狗兒所想的**
走向狗兒	直接接近	挑戰
注視狗兒	直接眼神接觸	挑戰
伸出手來	伸出腳掌	挑戰
摸狗兒的頭或頸部	將腳掌放到我的臉上	挑戰
抱狗兒	運用腳掌來限制我的行動	挑戰

叫一隻遲疑的狗兒過來時，要放低你的身體、側身對著狗兒，並避免直接的眼神接觸，這將給予狗兒更多信心來接近你。

該飼主將身子往前傾，注意到這隻邊界牧羊犬在面對張開雙臂的歡迎時，所表現出的遲疑動作，這不是一種對狗兒友善的叫喚方式。

的攻擊行為看出牠極度激動。它可能是在你友善伸出的手上惡意的咬上一口，或是在你湊過去求一個親吻及擁抱的臉上以一咬回應。

　　和一隻狗兒打招呼時，要留心牠將如何解讀你的行為，並且將以下要點謹記在心：

- 放慢動作，慢慢的並以迂迴的方式接近，而非直接闊步走向狗兒。
- 一開始時要避免直接的眼神接觸。
- 保持身體放低的姿勢，但不要靠向狗兒，而是彎腰或是坐下。
- 伸出手來，好讓狗兒可以先嗅聞看看。從下方伸出你的手來，而非從狗兒頭部上方由上往下伸來。
- 伸出手背、微微握拳（確保你能保護自己的手指！）。理想狀態是，你應當在手中握著一個可口的點心，好讓你在打開手心時，讓狗兒發現掌心有食物。然後持續張開你的手心，方便讓牠吃到點心。這是評估一隻狗兒有多緊張的好方法，假如牠並未顯示出對該點心的興趣，很可能是牠相當的緊張，而你則需要更加放緩接近牠的動作。

當你首次和一隻陌生狗兒互動時（不論公母），要撫摸牠下巴下方。輕拍一隻狗兒的頭頂，可能會讓狗兒感到威脅進而害怕。

- 正常的呼吸，同時注意狗兒的呼吸狀態。假如牠以緩慢、深沈且規律的方式呼吸，牠大概是放鬆的。要注意鎮靜訊號，同時不在牠很明顯感到不自在時強迫牠。
- 只在狗兒放鬆時撫摸牠，先摸牠的胸部或下巴。
- 不要擁抱或親吻狗兒，除非你跟牠很熟。

接近一隻具攻擊性的狗兒

　　要小心那些顯示出攻擊意圖的狗兒們。最好不要接近這樣的狗兒，除非你是一位經驗老道的狗兒訓練師。然而，假如你發現自己正處於被一隻具攻擊性狗兒威脅的情境時，執行如第 88 頁所述的距離縮減訊號（友善的方式），面向側邊，並且慢慢的離開這隻狗兒（不要跑開）。記住要繼續呼吸，狗兒

們對這點可是非常敏感的，同時把你的雙臂放在身體兩側不動，並且保持安靜。

辨識壓力

　　狗兒們以不同的方式顯示出壓力帶來的結果，假如你能辨識狗兒的壓力，並且正確的處理它，不僅能讓牠更有效的學習，同時能協助牠防範日後的問題行為。急促而短暫的壓力包括下列的生理與行為面的訊號：

生理訊號
- 喘氣（呼吸急促）
- 過度流涎 （口水自嘴淌下）
- 流汗：狗兒們自腳掌的皮膚排汗。在光滑的表面上時（例如，在獸醫師的檢查桌上），流汗的腳印通常是顯而易見的。
- 大量、突然的掉毛
- 身體緊繃
- 臉部緊繃，例如，嘴巴和眼睛周圍出現隆起線條
- 瞳孔放大

行為訊號
- 對食物和點心興趣缺缺
- 活動量改變：非常消沈或是過度活躍
- 標明行為（小便或是大便）

- 過度吠叫、咆哮或是哀鳴
- 鎮靜訊號出現（第 84 頁）

　　一隻狗兒在不同環境下所展現出壓力的方式可能會有所不同，其中的一項或多項訊號可能會很明顯。

協助你家狗兒處理壓力

　　以下為狗兒處於壓力環境時，應處理的三個基本步驟：
- 將狗兒自壓力環境或壓力來源移開。
- 教導牠必需技能來處理壓力刺激，例如放鬆及自我控制技巧（參見第六章）。
- 再次引進具壓力刺激的訓練時，要放慢速度（有系統的降低敏感度和反制約作用，參見

這隻狗兒在一隻陌生狗兒出現時顯示出壓力。牠將嘴巴張大，露出牠所有的牙齒來加強表現牠服從的意願。露出嘴唇內長而放鬆的所有的牙齒，是一個友善、齜牙咧嘴的極端表現形式。

這幾隻薩路基犬雖然身處具潛在壓力的表演環境，但仍顯出放鬆的肢體語言，這反應出牠們具備應付壓力的能力。

第九章）。

讓我們看一個常見的例子。有一隻第一次上訓練課程的狗兒，牠對著其他的狗兒吠叫不停，對點心、玩具和訓練師都不感到興趣，牠所能做的，只有注視其他狗兒們同時吠叫。

首先，將狗兒和其他的狗兒們帶離開來，到牠不再吠叫並且願意接受獎勵的距離外。假如這意謂著回家，那麼你就必須帶他回家。你的底限是：讓狗兒進入能夠思考與學習的狀態下。

接下來，教導牠如何放鬆並且練習自我控制。假如你不能用其他的反應來替代一隻狗兒不當行為的壓力反應，那麼便是徒勞無功。這是正是大多數人忽略，而且是構成狗兒壓力或焦慮行為的最重要部份。

一旦牠能放鬆和展現良好的自我控制時，就可再將牠移往或靠近其他狗兒們，但你也要待在牠周圍。重複以上練習，當你慢慢讓牠靠近其他狗兒們時，要充份給予獎勵，直到你家狗兒在其他狗兒們出現時，對你做出冷靜、自制的反應。

任何一位優秀的訓練師都知道，要成功的掌控狗兒，需要極大的耐心！不要急著完成以上過程。花時間協助你家狗兒建立一個穩定的內在情緒狀態，是非常值得的，這會確保訓練成果的長期可靠度。短時間的課程訓練，次數越頻繁越好，同時為你自己在整個過程中設下幾個小目標，隨著小勝利的達成，慢慢的提高你的期待。

第 6 章

狗兒生活技能教導

人們經常會忽略正式的狗兒訓練課程的重要性，它可協助一隻狗兒學會生活技能來適應壓力情境。一隻有著良好生活技能的狗兒，牠的行為是可預測、自信並且可靠的。牠與其他狗兒們的相處，就像與人們之間的互動一樣，均能對環境刺激做出適當的回應，而且比較不會發展出問題行為。有問題的狗兒們可由生活技能訓練中獲益非淺，這應該是狗兒訓練的首要目標。

良好的狗兒生活技能有兩個必要基礎：自我控制與放鬆技巧。本章所介紹的練習將能培養這些技能。一隻放鬆的狗兒比較容易訓練，當你開始訓練你家狗兒時，要確定牠是放鬆、安靜、呼吸緩慢的，並且有著放鬆的姿勢，無論是坐下，或是將其身體重心移往一側的躺著──也就是所謂的「慵懶的」坐著或躺下──還要能專注在訓練者身上，並且欣然接受點心。

在一個熟悉且不受干擾的環境下開始你的訓練。在先準備好可口的小點心，並且在開始餵食前，簡短的做個開始的訓練，此時你家狗兒肚子若空空的，會比較有強烈的動機。

不要擔心教導「慵懶」的行為：我們只是指，那種身體姿勢有助於心智平靜。一隻坐著或躺得直直、端正，同時打直背脊的狗兒，可能比較緊張且容易感到壓力而準備好要有所動作。放鬆需要低的反應力，所以我們把目標設定在不具反應力的身體姿勢。

你可以教導你家狗兒做出同一種姿勢的不同形式，來應付不同的情境。慵懶的坐著及躺下，比站著及坐下更好，然而當你需要有速度上的動作時，直挺的姿勢會比較佳，例如一連串類似的舞蹈動作。

記住你家狗兒不是唯一的學習者，作為一個訓練師，你也必需學習某些技能，好讓你能在每次教導並訓練一個新行為時能夠用上。這些必要技能如下：

■ 不使用蠻力來訓練新行為。參見第 97 頁（誘餌與捕捉），第 32 頁與第七章（形塑）。

這隻訓練中的狗兒雖然處於警戒環境下，但是仍保持放鬆狀態，牠的背脊彎曲且尾巴呈現自然的姿勢。

- 使誘餌淡出訓練（參見第99頁）。
- 熟練該行為（參見第98頁）。
- 為該行為命名或新增暗號（參見第99頁）。
- 延長訓練期間（參見第104頁）。
- 使該行為臻於完美（參見第105頁）。

本章大多數的練習會使用響片做訓練（參見第二章）。你可以用其他的獎勵來取代響片，好比一個點心或是玩具，但是若使用響片將能訓練得更精準且更快速。

第一步：獲得該行為

a）誘導坐下

讓狗兒聞聞你手中點心的味道。將你手中的點心往上移動，好讓牠的口鼻部能跟隨著你的手，進而使牠的頭部上下移動，直到臀部向下然後坐著。假如牠退離你，就靠牆進行練習。如果需要的話，可用椅子排成一個隧道，好讓牠不會偏離。

這個概念是不用你的力量，來使狗兒的臀部往下壓，強迫牠坐下——是你要牠自發的坐下。假如牠

慵懶的坐姿會加強放鬆狀態。

要一隻慵懶趴著的狗兒躍起，比起要一隻直直趴著的狗兒躍起更困難。

將點心置於你狗兒的口鼻部正上方。假如你拿的位置太高，牠會跳上來以攫取點心。

自己選擇坐下（即使僅是為了得到點心）而非被強迫，牠將會學習得更確實。對於一隻未接受過訓練的狗兒而言，這個過程需要花費相當大的耐心，然而努力是值回票價的。放鬆必須出狗兒內心自發，而不是你可以強迫來的。

當你家狗兒坐下的那一刻，按壓響片並且給牠點心。重複該動作數次。

b）捕捉坐下的動作

假如狗兒在你以點心誘導時仍不坐下，只要等待即可，因為到某個時候牠就會坐下，你要有耐心。接著在牠坐下時，立刻按壓響片並且給予點心（捕捉坐下動作）。重複該動作數次。

當你將點心往上並往後移動時，狗兒的臀部會向後壓低呈現坐的姿勢。

開始不在手中放點心，好讓狗兒跟隨你空的手，就如同牠跟隨點心一般。

第二步：讓誘餌淡出

假如你確實有使用點心來誘導你家狗兒坐下，下一步就是讓牠在沒有誘餌的情形下仍能坐下。藉由假裝你手上拿著一個點心的樣子，正如先前有誘餌時一樣，讓狗兒跟著你的手動作，然後在牠臀部著地的那一刻按壓響片。接著再從你的點心袋中拿出一個點心，這將降低你家狗兒對食物的依賴性。以上練習稱作「淡出誘餌」。你仍然會給點心作為獎勵，只是你不再用它作為誘餌。

第三步：流暢性

以建立流暢性為目標。流暢指的是你家狗兒能夠至少連續五次，毫不遲疑且在沒有誘餌的狀況下仍

能做出你要的行為（參見淡出誘餌）。在你新增任何暗號前，你家狗兒應當展現對該行為的流暢性。如果你熟悉且擅於掌握給予點心的時機，可在一段短暫的時間內得到更多次的重複行為。順序如下：

- 狗兒坐下
- 你按壓響片
- 將點心丟到地下，好讓狗兒必須起身取得。這將讓狗兒預備好再做一次坐下的姿勢。
- 狗兒坐下
- 你按壓響片
- 丟點心
- 狗兒起身取得點心
- 狗兒坐下……

一旦你按壓響片，萬一你家狗兒在這之後不再坐下也沒關係，因為響片聲已經標記並且結束該項行為。當你家狗兒得到點心時所正在做的事並不重要，目標是獲得該行為數次、流暢的重複動作，並且在每次重複時沒有猶豫。

第四步：新增暗號

一旦狗兒快速且自願坐下，幾乎是很明顯的要求一個獎勵時，你就可以準備新增暗號。藉由在牠將臀部放在地下時，說「坐下」來新增暗號。讓狗兒在不同的情境下，

有節奏感並流暢的重複練習幾次，而且毫不猶豫（建立流暢度），然後就在牠正要坐下前介紹這個暗號。順序如下：

- 狗兒坐下
- 你按壓響片
- 丟點心，狗兒起身，取得點心
- 說「坐下」
- 狗兒坐下
- 按壓響片，然後丟點心
- 狗兒起身，取得點心
- 說「坐下」
- 狗兒坐下……

在你預測到狗兒做出該行為的意圖時，要在牠將要做出該行為時使用暗號。祕訣在於讓牠有節奏感，並流暢重複該行為幾次，好讓這暗號能自動產生該行為。

在一些訓練課程中重複動作數次後，你就可以直接給予暗號。每當狗兒對於暗號做出正確回應時，就按壓響片並且給予點心，以建立一個在暗號、行為與獎勵之間的清楚關聯。

一旦狗兒對於該暗號有一致性的回應時，你便可以降低使用響片與點心的頻率。每坐下 10 次中，按壓響片並給予點心 8 次，然後降為 6 次……，直到你逐漸地將響片及點心同時淡出訓練。

（上）在狗兒坐下的那一刻，按壓響片。這舉動將告訴你家狗兒是「坐下」這個動作而得到獎勵，這也是得到點心的方式。

（下）將點心丟到狗兒正前方的地上，好讓牠起身來吃，而這時，牠已準備好進行下一次重複動作。

第一步：誘導「趴下」

用一個點心來誘導你家狗兒做出「趴下」的姿勢。你可運用以下其中一個方法或是三個全用：

- 藉由移動點心至貼近地面處，來誘導狗兒從「坐下」轉為「趴下」。當狗兒放低牠的脖子並且彎曲牠的肘部時，你便將點心以「L」字形向前移動。不要移動太快，這個練習需要時間！首先，你可能只是讓牠的肘部彎曲，假如這是你所達到的，按壓響片並給牠點心，因為這已經比坐下來更貼近「趴下」了。（圖1～3）

- 藉由讓狗兒嗅聞你手中的點心，並快速的將它移到牠前腳的地上，來誘導狗兒從「站立」轉為「趴下」。當牠的頭部放低時，牠應該會撲下成鞠躬姿勢，並且接著同樣放低牠的後腿。（圖6）

- 誘導狗兒在你的大腿下方「趴下」，或是讓大型狗兒在咖啡桌下做該動作。為了誘導牠到你的大腿下方，你要先坐在地上腿部微彎，然後鼓勵狗兒跟隨在你膝蓋下方的點心到腿的另一側。牠應當會放低牠的胸部

到地面上，當牠意圖穿過你的大腿時，牠的後腿會隨後跟進。（圖7）

假如誘導無效，就改用捕捉行為來訓練：在狗兒必須趴下的某個時間點，藉由按壓響片並給予一個「累積獎勵」（一個特別棒的點心）來抓住該時機。

1～3、從坐姿誘導為趴下，你將需在圖3的動作出現時按壓響片，接著給予一個點心。

❶

❷

❸

第二步：讓誘餌淡出

　　盡可能空手來誘導狗兒「趴下」，而且越快越好，每次當牠做出該行為時，就按壓響片。逐漸利用較不明顯的肢體動作來訓練，直到狗兒臥倒時，你可以直立站起。（圖4至5）

第三步：流暢度

　　讓狗兒做出「向上推」的動作。當牠臥倒時，便按壓響片，將點心放在地面前一步的位置，好讓牠必須起身來吃。在新增暗號之前，設定五次流暢的重複動作為目標。

第四步：新增暗號

　　當狗兒的動作變得更加流暢時，即在牠正要擺出該姿勢時，說「趴下」，接著按壓響片並給予點心，動作要重複數次。一旦牠將胸部及後肢接觸到地面，並與「趴下」這個詞彙和獎勵加以關聯時，牠將會對於「趴下」這個言語上的暗號做出趴下的反應。

第五步：使「趴下」動作臻於完美

　　參見第104頁「待在原地不動」。

4～5、要讓誘餌淡出就要空手訓練，並在你按壓響片前，將手移到你的背後，直到狗兒在趴下的過程中彎著身子而不再依賴你的手。
6、站著誘導狗兒趴下。
7、運用單腳或是雙腿來誘導狗兒在你的腿部下方做出趴下的動作。

❹

❺

❻

❼

讓你家狗兒「坐著」或是「趴下」，然後仔細地觀察牠的呼吸。假如狗兒呼吸得過於急促或是氣喘吁吁時，就要讓牠的呼吸慢下來，同時等待牠胸部規律起伏的時機。當牠每次進行深呼吸時，就按壓響片並給予點心。假如牠氣喘吁吁，就在牠第一次合上嘴時，按壓響片並給予點心。喘氣的原因不一定是壓力，炎熱也可能是原因之一，所以要確保你是在一個涼爽的環境下進行這個練習。

準備 10 個點心，並在一個單獨的「緩慢呼吸」課程中，將它們在全數用完。一旦你家狗兒急促的呼吸緩慢下來，並維持該呼吸頻率時，你就可以開始加入令牠分心的事物，例如從旁邊走過的人們，以及在一段距離外活動的其他狗兒們。這個練習較為困難，因此要讓你家狗兒更容易得到獎勵。在一個難度較高的環境下，要獎勵得多、做得少。

放慢呼吸可幫助狗兒放鬆，並且得以良好應付分心和壓力狀況。

將「坐」或「趴下」與緩慢的呼吸結合在一起，讓你家狗兒在一個定點上保持安靜與平靜。通常，在有一個實體暗號相聯結的狀態下訓練時，牠會更容易學會，例如用一個狗兒習慣在上面休息的毯子或是墊子（通常指「安置墊」）來訓練。這提供了一個視覺上、生理上，和緩慢的呼吸有關的可辨識區域。以下兩個方法可能對你有幫助：

- 要求狗兒坐著或是臥倒，並且藉由按壓響片以及給予點心來獎勵牠。在按壓響片後，將點心丟到墊子附近，好讓牠必須起身來重複這個練習。慢慢增加狗兒期待待在安置墊上的時間，然後逐漸開始將墊子移離開牠。（更多細節請參見第104至108頁。）

- 教導你家狗兒「走到」墊子上。將墊子放下，並且等待狗兒觀看、嗅聞或是走近它。在狗兒顯出任何興趣時，就按壓響片並且給予點心。當牠對墊子顯出更多的興趣時，在牠走上墊子，然後臥倒或坐在上面時，就按壓響片。把點心放在墊子外面，好讓牠可以快速的重複這個動作。逐漸將點心放

（上）要求你家狗兒坐在墊子上，並且隨著時間來增強牠更常坐在墊子上的行為。

（下）增強任何與安置墊有關的互動，來鼓勵狗兒甘心、樂意的走向墊子。

離墊子更遠的地方，然後在每次當牠靠近並走到墊子上時，按壓響片並給予點心。一旦狗兒能夠很輕易就走到數公尺外的墊子上時，就強化牠長時間「坐」或「趴」在墊子上的行為（更多的細節請參見第104至108頁）。當牠自動自發做出該行為的那一刻，你就可以新增暗號：「走到你的墊子上」。

一旦狗兒了解「坐」的意義和它會帶來獎勵時，你就可以更進一步將其發展為「坐下待著」（以及將「趴下」發展為「趴下待著」）。現在牠不只是要讓後肢坐在地上，還必須得維持這個姿勢。

一旦增加坐下的時間時，要放鬆你的身體，同時不要盯著狗兒看。保持和牠之間的眼神接觸，你不該成為狗兒坐著等待的必要條件。最終，你可能會想要完全離開牠的視線。

讓它持續得更久些

增加一個行為的時間，是常運用在許多不同行為訓練中的一個技巧，換句話說，就是期待你家狗兒維持一個行為達到一定的期間。藉由停用響片幾秒鐘，來達到此目的。要求狗兒坐下，不是立即，而是等幾秒鐘後，再按壓響片並給予點心。逐漸、隨機的增加後續重複動作的時間長度，讓狗兒在多數的訓練時間中，能以成功的步調來進行。當進展順利時，要一直穿插一些容易的動作。其順序如下：

- 要求狗兒坐下
- 狗兒坐下
- 等待，默數「一個點心，兩個點心，三個點心」。
- 按壓響片並給予點心
- 重複以上動作，這次要等到 2 秒鐘後再按壓響片並給予點心。
- 重複以上動作，等到 5 秒鐘後再按壓響片並給予點心。
- 等待 6 秒鐘，然後再按壓響片並給予點心。
- 等待 3 秒鐘，然後再按壓響片並給予點心。
- 等待 4 秒鐘，然後再按壓響片並給予點心。
- 等待 7 秒鐘，然後再按壓響片並給予點心。

一旦訓練順利時，記得要以一個高標準的訓練作為結束。在數個訓練課程中，建立 20 或 30 秒鐘的維持期間，讓狗兒容易達成，而且時間超前時就要停下來。

在這個階段中，狗兒不只能依照暗號坐下，而且能維持坐姿一會兒。然而，你要讓這個行為變得更為精練。你會希望當你走離開與牠一旦面臨分心事物，甚至是你不在牠視線範圍時，牠仍然可以維持坐姿。

第一步：定義行為

為了要使停留的動作臻於完美，你必須清楚知道自己期望狗兒做什麼。理想的「坐下停留」，是狗兒安靜的以一個放鬆的姿勢坐著，而當你走開、短暫離開牠的視線時，牠能忽視讓牠分心的事物達兩次之多。現在將它拆解成最小的組成單元：

- 狗兒的後肢著地
- 維持一個放鬆的姿勢
- 保持坐著的姿勢（例如：維持時間）。
- 當你走開時，牠仍坐著
- 當你離開牠的視線時，牠仍坐著。
- 在有令牠分心的事物出現時，仍然坐著。

現在你應該已經達成前三個目標了，下一步是讓你家狗兒在你走開時繼續坐著等待。

增加停留的距離：首先，你只要將腳邁出去，同時側移你的身體。在你開始舉步離開狗兒時，先獎勵牠幾次。

第二步：新增標準

現在新增一個新的標準：距離（從狗兒身旁走開）。當這個練習開始進行時，你要忘記之前狗兒能夠坐下並停留 20 秒鐘的事實，這時你只要先練習從牠身旁走開。容許狗兒調整一下步調，在你可以進行到下一個步驟之前，你可能需要在這個步驟中停留一段長時間。

- 轉動你的身體，看別處，然後按壓響片並給予點心。
- 面朝側邊，將你的重心移到左側及右側，然後按壓響片並給予點心。
- 將你的腳往前移動，然後按壓響片並給予點心。
- 抬高，然後放下你的腳，接著按壓響片並給予點心。
- 側身走一小步，然後再回到你

逐漸移動你的身體轉，好讓狗兒習慣看到你的背面。

原來的位置，如果狗兒維持牠的姿勢不動，就按壓響片並給予點心。

■ 側身走兩步，然後按壓響片並給予點心。

■ 慢慢地增加你側身邁開的步伐，直到你可以在狗兒身邊繞著牠走，而牠仍能坐著不動為止。當牠在你繞著牠走，仍能維持坐姿時，就按壓響片並給予點心。你可以在離牠有一段距離時，就按壓響片，或者也可以在走到牠的身邊時，再按壓響片。

■ 假如狗兒在你按壓響片之前，中止停留動作，只需要求牠再次坐下，並且讓牠在你下次訓練時更容易成功。

■ 一旦狗兒因為你在牠身旁打轉而感到開心時，就回到計時的步驟。讓牠慢慢的在有你在身旁打轉的情境下，增強其坐下的動作達到 1 分鐘或更久。

■ 增加繞著牠打轉的範圍，並且短暫離開牠的視線，躲到一根柱子或是一棵樹的後面。

■ 藉著站在柱子或是樹的後面，逐漸增加你不在牠視線範圍內的時間。

第三步：增加分心的事物

在距離狗兒三步遠的地方，開始一個坐著 5 秒鐘的練習，然後逐漸引進會讓牠分心的事物。當分心的事物出現時，而牠仍能維持坐姿時，就按壓響片並大方地給予點心。

■ 藉著遠方有令牠分心的事物，如走過的人們，來開始進行練習。

■ 增加坐下的時間達 20 秒鐘。

■ 增加你遠離牠的距離，直到成為一個完整的圓為止。

■ 逐漸移近令牠分心的事物，同時回到維持坐下 5 秒鐘，以及你離牠 3 步遠的練習目標。

■ 增加坐著不動的時間。

■ 增加你與牠之間的距離。

■ 和往來的人們交談，同時回到維持坐下 5 秒鐘，以及你離牠 3

一旦當你的狗兒對於你與牠之間的一段距離感到舒坦時，就增加一個稍微讓牠分心的事物。當你引進這個令心之事物的初始階段，要降低你的標準。

步遠的練習目標。

- 增加坐著不動的時間。
- 增加你與牠之間的距離。
- 請家人加入，並讓他們成為使狗兒分心的事物，同時回到原先的練習目標。
- 增加其他標準。

總結：使任何行為均達到完美境界

- 你必須定義何為完美境界，這樣才會明確的知道你在訓練什麼技巧。
- 將每個行為拆解到最小的組成單元，確認所有需要之不同的各項標準。由狗兒的角度來說，牠到底需要些什麼？

- 一個時段只練習一個單元。只有在前一個單元中所練習的動作，狗兒能持續且有自信的做到，同時達到要求的水準時，才再加入新單元。稍微提高你的標準，如果狗兒 10 次中有超過 3 次以上的失敗率，就降低你的標準。
- 當你增加一個新單元時，要放寬你先前的標準。由狗兒的角度看來，增加一個新的標準相當於學習一個全新的行為。

逐漸增加越來越多令狗兒分心的事物。

■ 現在將所有不同的單元組合起來。一旦新的單元到達了一個可以接受的水準時，就將它與已經練習過的舊單元，一個一個合併在一起做練習，直到你家狗兒能將它們做到你滿意的程度為止。這時你便已經將「坐」的動作形塑為「停留」。假如你願意的話，可以向狗兒介紹「停留」這個詞，並且單獨使用，或是與一個手勢結合來作為暗號，或者你也可以只用「坐下」一詞。狗兒接著將學會「坐下」是指「保持坐姿直到被告知下一步要做什麼」。你不一定需要有一個單獨的暗號來指「停留」這個動作。

專注在站著不動

　　拿著一個點心或是你家狗兒最喜愛的玩具，然後將它移到你的正前方。

- 當狗兒注視著你時，按壓響片並給予點心。
- 重複數次。
- 將握有玩具或點心的手移動到你的正前方，然後再往側邊移動，讓它在接近你的臉約幾公分外的地方。
- 假如狗兒的眼神能與你維持接觸，同時不跟隨你的手轉動時，便按壓響片並給予點心。
- 慢慢的移動你的手，使它越來越遠離你的正前方，直到無論你將手擺到何處，牠都能保持和你眼神接觸為止。
- 繼續獎勵維持眼神接觸的行為，直到你家狗兒能夠很輕易的維持眼神接觸達 10 秒鐘之久。
- 新增「看」這個暗號。

　　逐漸增加令牠分心的事物，首先以容易的開始做起，然後再建立比較困難，以及多種令牠的分心事物。這個簡單的練習可以給予狗兒一些事情做，牠才不會容易感到焦慮。在一個令狗兒高度分心的環境下，這將幫助你容易控制牠，同時

用一個玩具或是點心來引起你家狗兒的注意，獎勵牠持續的眼神接觸。

掌控牠的焦慮或是興奮狀態。

專注在移動

　　強化上述「看」的動作。

- 向前跨一步
- 當你身體跟著向前移動，而狗兒仍然維持眼神接觸時，就按壓響片並點予給心。
- 當牠跟著你並維持眼神接觸時，便逐漸增加你移動的距離。
- 每移動 2 至 3 步，就按壓響片並給予點心。這是教導你家狗兒在套上牽繩走在你身邊的基本功。

1、在你的手中藏一個點心並把它握好，直到狗兒失去興趣。

2、在狗兒視線移往他處的那一刻，按壓響片。

3、藉由將點心放在地上來使該行為嫻熟，在一開始時，先讓牠的動作容易達到成功。

狗兒喜愛抓取東西來吃，尤其是那些好吃的東西。對牠們而言，「離開」一個具有高度吸引力的事物或是頗能引起食慾的東西，是一個與自我控制有關的練習，尤其牠們在基因遺傳上，天生就是個拾荒者（scavenger），而抓取東西來吃的個動作相當有可能危及到健康與安全。以下有一些訣竅可訓練：

■ 向狗兒展示你手中的點心，然後將它藏在你的拳頭內。

■ 允許牠試著去得到該點心，小口咬並用腳掌輕拍你的拳頭，但是不要將拳頭打開，你只要握著不放就好。

■ 等到狗兒放棄，在牠不再反覆撥弄你的手的那一刻，按壓響片並給予點心。尋找牠頭部轉離你的拳頭的那個細微動作，即使它只持續了百分之一秒。

你可以把拳頭中的點心給狗兒，或者給牠另一個來自你另一隻手或是點心袋中的點心。

當狗兒持續遠離你的手時，就新增「離開」的暗號。現在你可以將該練習達到完美的地步：

■ 將一個點心放在地上，讓狗兒看到點心，然後用你的手、腳或是一個物體將點心蓋起來。

■ 說「離開」，並且將點心的一部分露出來。

■ 在狗兒離開點心短短的一秒鐘時，按壓響片並給予給點心。

■ 藉著獎勵更長時間的離開動作，以及讓牠看到更多的點心，增加練習項目，直到不再需要將點心蓋住。

■ 藉由和其他項目一起在不同的情境下練習，來使該行為得以連貫。

【注意事項】除非你已經有效實行資源管理（參見第四章）達數周之久，並且也教過「放開」的練習，否則不要和一隻對食物有超強佔有慾的狗兒進行此練習。

「放開」與「離開」不同，「放開」是指放開某個已經在狗兒嘴中的東西。這是一個非常有用的技巧，可運用在狗兒已含唧一個有價值或是危險的東西時，也可用於控制一個拔河玩具（參見第70頁）。

這裡有一個你可以不需藉助響片就可以進行的簡易練習：

■ 一開始時，先用一個對於狗兒而言不太有價值的東西，牠必須要能夠相當樂意的放開它。

■ 只給牠一個可口的點心，用它來交換任何在牠口中的物體。

■ 在牠嘴巴打開時，說「放開」一詞。重複以上的動作，直到狗兒已經將該動作、詞彙以及點心關聯在一起。

■ 當狗兒學會做出一致性的反應時，就改用對牠而言顯得更有價值的東西。

■ 讓狗兒將攜帶的東西交給你，這對牠來說是件有趣的事。即使牠正攜帶某件「非法」的東西，只要以一種友善的方式叫牠，並且在牠放開該物體時給予牠獎勵，好讓牠樂於把東西給你。

給予狗兒做出對可口點心與玩具之間的選擇，同時確定點心比這個玩具更具有吸引力。

在主人召喚時能回來，是對每隻狗兒的基本要求。召回可能會有著「救命恩人」的效果，然而撇開協助保護狗兒的安全不談，它亦有著更深一層的行為面意含：一隻狗兒若不跟隨召喚指示，表示牠認為其他事物比回應訓練者來得更為重要。身為訓練師的你，必須是狗兒生命中最重要的事物，所以牠在你召喚牠時，會拋下其他的事物，無論它們有多麼令牠感到愉悅與有趣。你家狗兒必須認知到在所有時間中，都是你在掌控牠，這會給予牠安全感。有效的管理資源（參見第四章）在促使狗兒有動機來聽人們的話上，扮演著非常重要的角色。

為了教導狗兒在你召喚時便能回來，就要確定這個要求一直能產生一個正面的結果。狗兒們自牠們的行為所招致的立即結果中來進行學習，因此，假如你家狗兒做了某件你不喜歡的事情，然後你在召喚牠回來時訓斥了牠一頓，你便有效的教導了牠：日後當你召喚時，不要回來，因為這個舉動會產生一個負面的結果。每當牠回到你身邊時，就讚美並且獎勵牠，即便牠在那不久之前做了一件不對的事。與

對狗兒而言，讓你召喚回來這件事總是充滿樂趣的。

正面結果發生關聯的是回來這個舉動，而不是在這之前所做出的舉動。在一整天中，你都要進行非正式的召喚，並且一直給予牠獎勵以及點心。把要獎勵牠的東西與點心放在身上，好讓每次狗兒在回到你身邊時，都能獎勵牠。

假如你家狗兒已經將回到你身邊與負面結果關聯在一起了，就要全盤改變召喚的背景：改變你用來召喚牠的字眼、聲音的語調、肢體語言，以及一般性的態度，並且在狗兒感到舒適的地方來進行訓練。

要確定這樣的召喚不會老是代表著樂趣結束的訊號。狗兒們將很快的學到，當牠們在未繫著牽繩奔跑時，唯一會被召喚的原因，就是回家的時間到了。不要老是在要回家的時候才召喚牠，而要走上前去接牠。在散步時，經常地召喚牠，然後再讓牠離開。

運用你的肢體語言來鼓勵你家狗兒接近你。向後靠以及離開牠，比起你走向牠，更能讓牠跟著你。假如狗兒真的不願意回來，藉著蹲坐的姿勢，或甚至躺平在地上，讓

當你家狗兒走到你的身旁時，保定牠數秒鐘，讓這個動作對牠成爲一種愉悅的經驗。

你看起來比較嬌小一些（我第一隻狗兒的訓練師要我肚子朝下躺平）。當狗兒確實回來時，要確定你身上帶有可口的點心，以茲獎勵。在牠的正餐時間前，肚子還空空的時候做練習，以確保牠能因食慾大振而引起高度動機。

假如你害怕你家狗兒會跑開，而且完全沒有把你當一回事，首先，請使用一條長的牽繩，好讓你得以在用點心誘導牠時，能慢慢收回牽繩，而把牠拉近到你身旁來，千萬不要用拖或是拉扯的方式讓牠回來。

在你藉著收回長的牽繩而將牠拉近的同時，要稍微往後跑。你越鼓勵牠重複為了得到獎勵而回到你身邊的動作，牠就越會自動自發的

做這件事。在多次的重複後，這個行為將會變成一種制約（自發的）；相反的，每次當牠獲得跑開與忽視你的機會時，牠就會學習到事情是如何運作的，然後跑開就會變成一種制約。每當你家狗兒有潛在的風險，而不能穩當的待在你身旁時，就要一直用牽繩牽著牠。

建立一個藉由項圈來帶領你家狗兒的習慣，並在牠走到你身邊時，保定牠。當你在保定狗兒時，要給予牠點心。這會避免狗兒習慣於走到你的身旁、攫取一個點心，然後跑開的情形再次發生。不僅要獎勵走到你身邊的這個動作，更要獎勵待在你身旁的這個動作。

理想狀態是，不用牽繩牽著牠走來作為訓練的開始。人們傾向於依賴牽繩，並使用它來控制自己的狗兒。首先，要教導你家狗兒在走路時主動靠近你。在開始使用狗牽繩之前，牠必須學會聚焦在你身上。當牠完全知道該如何聚焦在你身上時，繫上牽繩的動作就會變得容易許多。這是因為狗兒早已學會「走路」，而不是「走得越快越好」，別讓狗兒拉扯牽繩成為最常見的訓練問題。

以第 106 頁所描述的專注練習作為開始。當牠注視著你時，若維持緊隨位置（靠近你的膝蓋），就按壓響片並給予你家狗兒點心。祕訣是頻繁的強化這個動作，好讓狗兒沒有時間對任何其他的事物感到興趣。起初，你可能只能完成 3 到 4 步專注的緊隨練習。然而，無論你進行到何種程度，都要緩慢的延長狗兒緊隨你的專注時間，來強化練習。

❶

❷

很重要的是，狗兒應當在行進間，而非僅在你停下來時獎勵牠。只要狗兒繼續在行進間維持緊隨狀態，就按壓響片並給予點心。在一開始之際，只要做短暫的課程練習，而在各個練習之間，則要給予大量的遊憩時間。隨著時間過去，你將會完成 10 步至 20 步的練習，同時開始組合向左、向右，以及轉彎的動作。

最終的挑戰是，在有讓狗兒分心的事物出現時，仍能維持行進間的高水準專注表現。慢慢增加令牠分心的事物，在你引進這些事物時，要獎勵得多，而要求牠做得少。你也可以藉由目標導引法，來教導狗兒緊隨（參見第 134 頁）。

1、在你和狗兒均站立不動而牠注視著你時，獎勵牠。
2、當你們兩者向前行進，保持和你之間的眼神接觸時，獎勵牠。
3、套上牽繩，在你向前移動每一步時，都給予牠獎勵。
4、逐漸減少獎勵的頻率，好讓你每走幾步，才按壓響片並給予獎勵。

❸

❹

應付一隻拉扯牽繩的狗兒

　　狗兒會拉扯牽繩是因為人們會跟著走過來！你家那隻用力拉扯狗兒，必須學到假如牠拉扯，你是決不會讓步的。

　　你當然可以不需運用響片以及點心，就可應付拉扯行為。在走路時讓牽繩呈現鬆的狀態，而給予牠的獎勵是繼續往前走（一種環境獎勵）。你可以嘗試以下方法：

■ 當牽繩被拉緊而你不能再控制行進活動時，就要突然停止動作。不要允許狗兒把你往前拉，即使是 1 公分的距離也不可以。將你的雙腳穩穩的站在地上，記住不要讓步。

■ 等到狗兒再次聚焦在你身上，如同說著「你不過來嗎？」的話。這可能要花上數分鐘的時間，然而你只要堅持不動就好。

■ 接著，開始前進。

■ 重複以上動作，直到牠有好幾個步伐都能選擇跟在你身旁走。

　　你也可以突然改變方向，而非只是站著不動。另一種技巧是繞著小圈圈走（帶著狗兒），好讓牠再次把注意力放在你身上。當然，你走的頭幾步是影響不了你真正要走的方向，然而，只要你堅持在牠一開始拉扯時就立刻停下來，並保持

❶

❷

一致性，狗兒將會了解你的意思。

你也可以在狗兒回來，以及維持緊隨狀態時，藉由按壓響片與給予點心來獎勵牠。在有令牠分心的事物出現時，要增加獎勵的品質與頻率。

假如你有一隻會非常用力拉扯牽繩的狗兒，可以考慮使用一個頭圈（參見第二章）。頭圈是設計來舒適且合身的套在狗兒頭上的一種工具，讓你更能控制你家狗兒，而它似乎也對狗兒們有安撫的作用。逐漸將頭圈介紹給牠，在你把牽繩掛在頭圈上之前，讓你家狗兒在餵食和玩耍的時間裡都穿戴頭圈。

> 頭圈提供了一個溫和但有效的方式來控制一隻會拉扯牽繩的狗兒。

1、在狗兒開始拉扯時便立即停下來，站穩你的雙腳，不允許狗兒再向前拉扯。
2、等待你家狗兒再次專注在你身上的時機出現。
3、僅在牽繩是鬆弛時再走動，你要保持一致性。
4、假如你可以預測狗兒即將要失去專注力了，就出其不意的繞著小圓圈走動，以維持牠的專注力。

❸

❹

你家狗兒應該要願意允許人們撫摸牠，為牠套上項圈，並且牽著牠，幫牠打扮，同時檢查牠身體的各個部位。一隻對於保定感到自在的狗兒，在一般的管理例如清洗、打扮、藥物的給予和治療，以及給獸醫師檢查，都會容易得多。這樣的一隻狗兒在人們的身旁也會更加安全，並且比較不會對佔有牠私人空間的人們產生攻擊性的反應。若你在牠還是幼犬時，就開始定期以一種令牠愉快的方式進行保定，那麼當牠成長為成犬時，就比較不會遇上問題。假如你在一隻狗兒的一生當中都定期保定牠，牠將會對於保定持有一種正面的態度。

假如你家狗兒不太喜歡被保定，你需要降低牠對被保定的敏感度。如果你家狗兒已經試圖，或是成功的在被保定時咬過任何人，你就不要試著自己進行保定動作。請與專業人士合作以對付這個問題。

假如你家狗兒習慣被保定，那麼牠將比較容易安穩的接受藥物治療。

假如你家狗兒對於保定顯得敏感，就要在一開始時以一種不具威脅的方式撫摸牠。先撫摸一個不敏感的身體部位，並且選擇在一個寬廣，而不讓牠感到侷促的環境中進行。

　　說到觸摸，狗兒身體的特定部位比其他的部位更為敏感。狗兒們通常對於人們觸摸牠們的腳、頭部，以及嘴巴這幾個部位感到敏感。藉由前述的「趴坐」練習作為開始，來降低狗兒的敏感度。等牠放鬆並開始緩慢的呼吸時，再觸摸牠身體最不敏感的部位。這可能是胸部、下巴下方，或是背部正上方。穩定的撫摸，就好像你正在為牠按摩一樣。避免突然的動作，或者在一開始時就靠在牠身上。在一個寬敞的地方進行這個練習，這樣你家狗兒才不會感到受拘束。

　　當你撫摸狗兒時，可藉由餵食美味的點心來獎勵牠（一個玩具，或甚至是響片聲都可能會讓牠興奮過頭），然後移到身體的下一個部位繼續進行撫摸／按摩，每當牠保持放鬆狀態時，就給予點心。用溫和的力道進行，假如狗兒對你施加的力道反推回來——不是畏縮——就獎勵牠。

　　以一到兩分鐘之短暫的訓練課程作為開始，然後再逐漸增加練習的時間。當牠對於「不費力」的部位受到保定而慢慢感到習慣時，就逐漸移至難度較高的部位。握住牠的腳掌約一秒鐘，給予一個點心，然後慢慢增加握住腳掌的時間。擴大保定的範圍，直到你可以在牠持續放鬆的狀態下，自在的觸摸牠的全身。移到不同的地點並且試著讓其他人參與，好確保狗兒能在各種情境中均願意受到保定。

狗兒生活技能教導

跳起來向人們打招呼

假如你家狗兒在和人們打招呼時，像是一個跳出盒子的小丑，那麼牠需要學會如何自我控制。請一個幫手扮演環境獎勵的角色並給予協助，意思就是讓狗兒得以接近這個協助者，來作為牠適當行為的獎勵。先讓牠一直被人牽著，同時不允許牠接近協助者，除非牠能保持四腳著地的狀態。協助者需要在每次狗兒失去控制時，就停止所有的互動，以便協助練習。每當牠失去控制時，牠也就會失去協助者的注意力。一旦狗兒能夠忍住不跳起，即使只有幾秒鐘的時間，協助者就給予牠一個點心。

1、不要允許你家狗兒讓你變得不受
　歡迎，只因為牠會跳起來和你的
　朋友打招呼。

2、當狗兒一旦顯出跳躍的意圖時，
　被迎接的人就必須轉開身子。

3、所有的互動都該停止，直到狗兒
　四腳著地為止。假如你有使用響
　片，這就是你該按壓響片的時
　刻。

4、這隻狗兒因為在和人打招呼時保
　持自制，而得到關注並被給予點
　心以茲獎勵。

　　你也可以在你家狗兒四腳著地
時，按壓響片，並且由協助者給牠
點心。不要在一開始就懷有太高的
期望，而要藉著由不同人參與的幾
個訓練中，讓牠建立正確的打招呼
行為。當你家狗兒設法保持四腳著
地的狀態時，就可以畢業了，再來
就是學習在人們向牠打招呼時，呈
現坐下或是趴著的姿勢。

門邊或是大門口的興奮表現

你家狗兒會興奮的衝向門口，撲向你的客人嗎？你可教導牠在門前的自我控制以及放鬆技巧。你的目標應該是當客人抵達時，讓狗兒安靜的坐著或趴下，直到牠能保持平和，並由客人伸手給予點心時就成功了。以下的方法可以訓練：

教導你家狗兒安靜的坐著或趴在一個距離門邊不遠的墊子上。

第一步：訪客訓練

客人們需要學會，也不應該透過和狗兒說話或是撫摸牠，來燃起牠的興奮之情。反之，該要忽視狗兒，直到牠安靜坐下來。當狗兒平靜下來並四腳著地時，牠便可以得到從客人而來的注意力，甚至是一個點心。當牠變得興奮的那一刻起，訪客必須轉身走開。一般而言，越是對身旁其他人們的狗兒冷漠越好。不需要對每隻你所看見的狗兒打招呼，牠們不會因此感到被冒犯了（即使牠們的主人可能覺得會）。

第二步：在沒有分心事物的情形下，保持距離並且待在墊子上

以「坐下停留」或是「趴下停留」來開始進行打招呼行為的教導。選擇一個適當的地點，那裡是能夠看到前門或是大門，同時也是你希望狗兒在客人到訪時停留的所在地。在該處放置一個安置墊，並且以一個「坐姿」或是「趴姿」進行待在原地的練習。

所有關於待在原地的步驟均練習一次（參見第 104 至 108 頁）。增加停留時間，然後再增加你離開狗兒走向門邊的距離。

第三步：在有分心事物以及你沒有
　　　　離開牠的情況下，牠沉著
　　　　的待在墊子上

　　現在，增加在門邊的活動。以
一個溫和而不會讓狗兒感到不安的
東西開始，好比一個熟悉的人從屋
內出來開門並且關上。你應該待在
狗兒的身旁，並且對於牠保持平靜
以及不離開安置墊的狀態，給予獎
勵。對於牠的放鬆行為，重複按壓
響片並給予點心。

　　增加更多門邊的活動：例如笑
聲以及熱烈的談話。然後安排一個
真正的訪客站在開啟的門前一會
兒，然後移動身子。獎勵狗兒不衝
向門口的行為，請訪客待　會兒然
後聊聊天。下一次該訪客可以往屋
內走兩步，然後以此類推。要不斷
的獎勵狗兒平靜的行為。

第四步：在有分心的事物以及你離
　　　　開牠的情況下，牠沉著的
　　　　待在墊子上

　　一旦狗兒可以忍受門邊合理程
度的活動時，你便開始練習離開牠
並且走向門口。要以溫和的門邊活
動作為開始（一旦增加一些新東西
時，要記得降低先前的標準）。

　　藉由頻繁的獎勵，讓狗兒平靜
的待在原地，並逐漸將練習建構到

不要期待你家狗兒真能正在訪客到來時耐
住性子，除非你已經逐漸建立好牠的因應
技巧。

真實的情境中。假如牠出現失控的
情形，就平靜的讓牠回到墊子上，
並且重複這個練習，這次讓練習再
變得稍微容易些。這個練習可能要
花上好幾個訓練課程才得以完成，
要有耐心，並且要慷慨地給予獎
勵。

狗兒生活技能教導　　**123**

和陌生人打招呼的恐懼

　　一隻會對陌生人的接近感到受威脅的狗兒，必須變得更加有自信。你得讓狗兒和陌生人的接觸變得更有趣——讓狗兒在公園裡和路過的陌生人一起玩一個有趣的遊戲，或是當你有客人造訪時進行這樣的遊戲。一旦牠放鬆下來時，就邀請人們加入這個趣味的遊戲。讓陌生人丟球，或是向狗兒展示牠最喜愛的玩具。假如狗兒將球帶回來給你，而不是帶回給另一個人也沒有關係，這需要一點時間，直到牠鼓起勇氣開始與陌生人互動。只要牠保持放鬆狀態，你也可以請陌生人餵牠吃點心。

　　教導狗兒當陌生人靠近時，坐著或趴下。在陌生人經過身邊時，獎勵牠平靜坐著的行為，尤其是當人們走向牠並且觸摸牠時。運用手部目標導引法（參見第133頁）來鼓勵狗兒接近人們，仔細觀察牠的肢體語言，平靜訊號表明一種低度的壓力（參見第五章）。假如平靜訊號持續或是發展為距離增加訊號時，你需要立即停止互動。這個訓練可能會有非常高的風險，而且需要一個控制良好的去敏感化作用和反制約作用的訓練課程（參見第九章）。

一隻對陌生人會感到緊張的狗兒而言，手部目標導引法是一種絕佳的工具。若以一個有趣的練習作為開始，並讓觸摸陌生人的手這件事成為值得獎勵的事，將使牠能夠更有自信的面對陌生人。

狗兒們碰面時也應該是在沒有壓力的情形下進行。

和其他狗兒打招呼時會出現問題的狗兒，主要分為兩大類型：太過活潑、特別愛玩，以及對其他的狗兒會產生恐懼，或是攻擊性反應的狗兒。

攻擊行為還是熱情？

要區分熱情還是攻擊行為有時候會有點困難。狗兒訓練師經常會因為自己的狗兒與其他狗兒碰面時，所作出的反應，使得狗兒之間的互動問題惡化了起來：某隻狗兒看到其他狗兒而想要和對方打招呼時，但是訓練師擔心可能會引發一場打鬥，便直覺把狗兒往後拉並且責備牠。這將便得這隻狗兒無法探索社會關係，而且也難以發展牠的社會技巧。此外，牠開始會將其他狗兒們與不愉快的事物聯想在一起，並學會與牠們在一起會有憂懼感，而其他狗兒們也可以感覺到在一隻陌生狗兒靠近時，所產生的緊張感。假如狗兒們能被允許自由的和其他狗兒進行一對一的互動，打架的發生機率將會降到非常低，因為大多數狗兒們與生俱來都想要避免爭鬥的情形發生。

在狗兒幼年時期便允許牠有著自由的社會互動，以避免牠和來自不同家庭的狗兒之間產生的攻擊行為。可以不時的召回，以掌控在自由互動中的狗兒們。

學習社會技巧

在牠年幼時和其他狗兒們進行適當的社會化過程，將會防止大多數在不熟悉的狗兒之間，發生的攻擊性問題。然而，許多狗兒們沒有經過適當的社會化過程，或者有與其他狗兒互動後產生的創傷經驗，所以不具備有和陌生狗兒們適當互動的社會技巧。

在缺乏社會技巧的狗兒們之間所彰顯出的特徵為恐懼、攻擊行為，或是沒有自我控制的能力。充滿恐懼或是具有攻擊性的狗兒，必須學習如何放鬆，而無法自我控制的狗兒則必須學習自我控制，以便和其他狗兒們之間有適當的互動。

（參照第五章中之「協助你家狗兒應付壓力」的章節）設定一些情境，讓你可以在當中控制你家狗兒與其他狗兒們之間的接觸，並且藉由獎勵牠放鬆、自我控制的行為，來鼓勵牠在有其他狗兒們出現之際，練習自我控制與放鬆技巧。以簡易的情境作為開始，然後逐漸建構到較困難的互動環境中。可惜的是，這並沒有快速的解決之道，唯有靠耐心與大量重複、在控制下的接觸，才能修復狗兒之間拙劣的社會技巧（參見第 182 頁）。

除非你確定你可以控制你家狗兒，否則不要放開牽繩。要小心，每次當你看到陌生狗兒們時，你拉緊牽繩的行為，都將會強化狗兒的憂懼反應。與陌生的狗兒們保持一段安全距離，但是維持牽繩在鬆弛狀態。當你經過或照會其他狗兒們時，要維持隨遇而安的態度，這最終將會抹去你狗兒的憂懼反應。

當一場打鬥開始時，要放開牽繩

這個技巧適用於一些對於陌生狗兒們有輕微反應的年幼狗兒，而具有嚴重恐懼，或是攻擊性反應的狗兒們，則應當依前述的方式處理。

用牽繩牽著狗兒會有一種錯誤的安全感，並給予陌生狗兒們一種恐懼的反應，因為陌生狗兒們會感受到來自牽繩另一頭的「靠山」。比自己單打獨鬥而言，這會使被牽的狗兒做出更兇惡的反應。因為這個緣故，狗兒的訓練指導員經常建議訓練者，在你家狗兒對陌生狗兒們做出攻擊性反應時，要將牽繩放在地上並且走開。這個技巧十分有效，因為狗兒會突然發現到牠不再是被牽著，也不是主人的延伸，而會體認到牠必須靠自己的力量去擊退對方。在大多數情形中，狗兒們會以不具攻擊性的反應進行適當的互動。然而，在沒有一個經驗豐富的狗兒訓練師做協助時，以及在一個安全的環境下，不建議嘗試運用這個技巧。假如另一隻狗兒的社會技巧很拙劣時，這就存在著風險。

牽著這隻白色德國牧羊犬的人，在狗兒向圖中的邊界牧羊犬做出攻擊性反應時，便直接將牽繩放掉並且走開，結果沒有引發打鬥行為。

第 7 章

狗兒實用技巧教導

訓練提供狗兒心智上的刺激來增強心智健康，也讓狗兒們在正式的訓練課程中，與面臨不熟悉的環境下，有一些具建設性的事情可做。在面臨一個具困難度的情境下時，一隻訓練過的狗兒比起一隻未經訓練的狗兒，較有可能會做出適當的行為反應，而後者則可能會有情緒性反應，而非認知性的反應。在訓練中，特別是在制約訓練中，均會教導一隻狗兒先思考再決定做事，而不是只針對刺激做出反應。

在本章中，我們會教導一些十分實用且有趣的技巧，這些將使你和你家狗兒能享受彼此在一起的時光，甚至能娛樂你的朋友們。

本章的焦點並不在於創造出達到表演水準的行為，僅著重在讓你接觸到一些與訓練相關的概念，並在訓練課程中操練多種不同的行為。首先，要做完第六章所有的練習，尤其要強調以下步驟：

- 不以強制方式讓某項行為發生
- 建立流暢度
- 新增暗號
- 增加練習時段

■ 使行為達到完美境界

你可翻到第 43 頁，查看關於響片訓練的詳盡資訊。一如之前所述，假如你不喜歡使用響片，就以食物、點心或其他的獎勵取代按壓響片。

本章中大多數的練習都屬於形塑練習（參見第 32 頁）。以日常用語來說，就是一開始，在狗兒完成一個小步驟時就給予獎勵，直到牠達成你最終期待的行為為止。任何與最終行為有一點相似的動作，都應該獎勵。當狗兒開始自動自發的重複該動作時，你便可以練習更困難的版本，並加以強化，直到達到最終的目標。

建立流暢度

最常見的失敗原因，就是我們的期望太高，而且太快。以小的步驟來建立每一個新技巧，並慷慨獎勵每一次的進階。獎勵的次數越頻繁，狗兒的學習速度就會越快。以

應用「目標導引法」（觸碰一個標的物，好比棍子的尖端）來教導狗兒許多把戲與有用行為的技巧。

建立流暢度為目標——當狗兒掌握一種節奏感，順暢的重複同樣的動作，並且毫不遲疑時，這時你就可以準備進展到下一個步驟。

運用以下幾頁中所提到的概念來為你的訓練加點花樣，想出你自創的招數，並仔細觀察你所能捕捉到的狗兒新行為。發揮你的創意，也允許你家狗兒發揮牠的創意，同時享受這個過程！

（上）你可以在棍子頂端著色，或是纏上膠帶來自製專屬的標的棍子。
（中）指揮棒也是相當好的標的棍子。
（下）在棍子末端加上醒目的標的物時，將會讓一些狗兒表現得更好。

製作一枝標的棍子（一個在末端纏著顏色膠帶的樁頭）或是買一個，這個概念是要狗兒以鼻子輕推，或是觸碰標的頂端。握好標的棍子，並且用同一隻手拿好響片，好讓你可以運用另一隻手來給予點心。將棍子展示在你家狗兒面前，距離牠的鼻子幾公分的地方。

■ 當牠以鼻子觸碰到，或是靠向棍子頂端時，就按壓響片並給予點心。你要握著棍子不動。

■ 稍微把棍子移遠一點，要牠做出移向棍子的大動作並獎勵牠。

■ 將棍子向上移動，然後再往下，往左再往右，當牠在不同的位置觸碰到棍子頂端時，給予獎勵。

■ 再次移動棍子約 10 公分左右。每次你家狗兒跟隨棍子移動時，就按壓響片並給予獎勵。

■ 新增「觸碰」的暗號。

將該行為轉移到其他標的物上，如一個塑膠蓋、一個玩具，或是你的手。將新的標的物放在牠的面前，要求狗兒「觸碰」，然後當稍微有鼻子觸碰的情形發生時，就按壓響片並給予點心。假如狗兒並

、在狗兒觸碰到標的棍子頂端的那一刻，
按壓響片。

2、將標的棍子與響片握在同一隻手中，以
另一隻手來餵食點心。

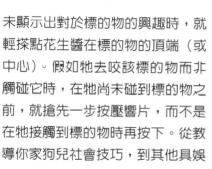

、一旦狗兒重複觸碰標的物時，就開始移
動標的物，好讓牠跟著走。

4、在新增暗號後，就將該暗號移轉到另一
個物體上，好比一個塑膠蓋。

未顯示出對於標的物的興趣時，就
輕搽點花生醬在標的物的頂端（或
中心）。假如牠去咬該標的物而非
觸碰它時，在牠尚未碰到標的物之
前，就搶先一步按壓響片，而不是
在牠接觸到標的物時再按下。從教
導你家狗兒社會技巧，到其他具娛

樂性的把戲，都可以目標導引法來
應用。請繼續往下讀吧！

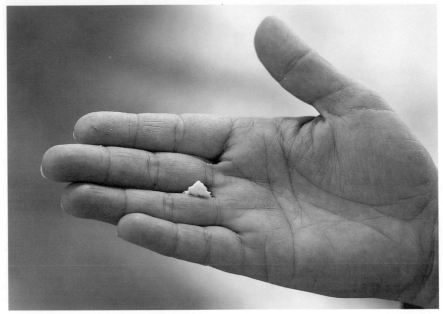

在指縫間夾好點心來鼓勵牠觸碰你的手。

教導你家狗兒觸碰一隻伸到地面前的手。假如你家狗兒已經知道「觸碰」的意思了，就只要將你的手伸到地面前，然後叫牠「觸碰」即可。一旦牠有任何觸碰或移往手部的動作發生時，就按壓響片並給予點心。記得要讓牠看到你的手掌與手心。假如有一個新的行為要讓狗兒練習，請依照以下程序進行：

- 在你的中指與無名指之間夾一個點心。
- 當牠輕推你的手時，按壓響片並讓牠得到點心。
- 重複以上動作數次。
- 現在將你沒夾點心的手伸到地面前。一旦有任何觸碰行為發生時，就按壓響片。
- 分別將你的掌心與手背都伸到狗兒面前，當牠做出所有觸碰動作時，按壓響片並給予點心。
- 將你的手移到不同位置，針對所有的觸碰動作均按壓響片並給予點心。
- 新增「觸碰」的暗號。

適用於害羞狗兒的手部目標導引法

手部目標導引法是一種協助害羞狗兒應付陌生人接近時，特別有用的技巧。狗兒會在觸碰到一隻伸出的手時，得到獎勵，而這將使牠變得更願意接近人們。

請一位你家狗兒認識的人伸出手，請將他手背置於狗兒眼前，然後先在指縫間夾著點心，接著再以不夾點心來進行練習。叫你家狗兒「觸碰」，當牠做到時，就大方獎勵牠。一旦牠對於所認識的人們感到自在時，接下來就針對不熟悉的人們進行練習。請訓練者不要輕拍或是觸碰狗兒，只要將手伸出來，直到牠對他們感到自在為止。

在狗兒觸碰到手時，就按壓響片。

狗兒實用技巧教導

你可以運用棍子或是手部的目標導引法，來鼓勵你家狗兒在用牽繩牽著時，走近你的身邊。將棍子握好並置於狗兒鼻子的前方（這對於小型狗尤其有用，因為這樣會讓你免受彎腰走路之苦），或是將你的手放在身體側邊，然後在你向前移動時，叫狗兒去「觸碰」。當牠維持緊緊跟隨的動作時，每走幾步就按壓響片並給予點心。

（上）教導你家狗兒跟隨標的棍子來以緊隨的方式行走。
（下）可以運用你的手作為一個標的物，鼓勵狗兒緊緊跟隨你。

　　剛開始時，用一個平放在地上的塑膠竿或是水管練習。記得要使用安全、重量輕的器材。

- 運用標的棍子來導引你家狗兒跨過竿子。
- 在牠抬起前腳完成一個跨過竿子的動作時，就按壓響片。
- 將點心扔在牠躍下地點的前方地上。
- 鼓勵牠筆直的跨過竿子，而不是轉彎或是扭動身體來跳過。你不會希望你的明日之星日後受到運動傷害之苦！
- 將竿子微微抬高到距離地面約幾公分高的位置。重複以上的練習，當牠開始跳躍時，就按壓響片。

- 讓竿子的長度越變越短，同時逐漸淡出標的棍子，直到你單單用手勢就可以作為跳躍動作的暗號為止。假如你願意，可以將手勢與一個語言暗號結合在一起使用——從「觸碰」改為其他的詞彙，例如「越過」（第144頁有關於如何改變暗號的敘述）。
- 年幼且在成長階段的狗兒們（直到一歲大為止），不應該讓牠們跳躍超過手肘以上的高度。過度的運動可能會損害牠們的骨頭與關節中的生長盤。

1、　當狗兒跨過竿子時，就按壓響片。

2、 將點心扔在牠躍下地點前方的地上，以
維持牠願意做的動力。

3、 一旦狗兒對於躍過竿子感到自在時，
將竿子略微升高。

4、 透過許多小的步驟來練習升高竿子後的跳躍動作。

你可以運用手或是標的棍子來教導狗兒「快樂跳躍」的動作。

　　運用你的手作為一個標的物，將手保持在狗兒的頭部上方，並且叫狗兒觸碰你的手，然後再按壓響片並給了點心。抬高你的手並強化更高且控制良好的跳躍動作（跳躍的高度將視你狗兒的體型而定），最終，你抬高手的動作將會成為躍起的暗號。你可以新增一個名詞當暗號，來取代原先的「觸碰」，然後逐漸淡出手部訊號。這個練習不適合罹患關節炎或髖關節問題的狗兒。

　　為了要讓你家狗兒在一個定點上轉圈圈，你得要牠在你把棍子置於牠鼻子前方繞圓移動時，同時去觸碰棍子。在繞到 1/4 圈時，就按壓響片，然後在繞到半圈時，再次按壓響片，直到牠完成一個完整的圓圈。隨著時間過去，你可以逐漸縮短標的棍子，直到將它完全淡出，並且新增一個名詞暗號或是運用一個手部訊號來當暗號。

將標的棍子往側邊移動一點來引發狗兒旋轉。

透過數次的坐下動作、按壓響片作為開始。然後在狗兒仍然坐著的時候，將標的棍子置於狗兒鼻子前方，叫牠觸碰棍子。牠必須伸長脖子來觸碰到棍子，所以在第一次伸長脖子時，就按壓響片並予點心，然後在牠略為將前腳抬離地面時，再按壓響片並給予點心。逐漸將該動作練習到成為完美的「乞求」動作時，將暗號改為「說請」。

將標的棍子往側邊移動一點來引發狗兒旋轉。

站在狗兒的前方，將你的右腿向前伸展，膝蓋彎曲。現在進行以下動作：

- 在你的右手裡握一個點心或是拿著標的物，來誘導狗兒在你的兩腿間從內而外穿梭。

- 當牠穿梭過你兩腿間時，就按壓響片。

- 將點心扔在地板上你腳前的位置，以鼓勵牠轉過身來進行下一次的穿梭動作。

- 重複單側的動作，直到牠能流暢的完成動作。

- 做同樣的練習，這次讓牠從你的左腿後方移動到你的左側，直到這個動作熟練為止。

- 現在結合右邊與左邊的穿梭動作。引導狗兒穿梭於右側，當牠走出來時，把你的左腿向前移動。運用放置點心的位置，同時將你的左腿再次抬起、彎曲，來確保狗兒完成左邊的動作。

- 你可以新增一個「穿梭」的暗號，但是這時狗兒通常會把你的腿與手的位置當作一種穿梭行為的視覺暗號，而對其做出反應來。

- 當你們雙方都變得十分熟練

1、握好標的棍子，將它置於你的膝蓋外側，然後叫狗兒去「觸碰」。

時，就把這個穿梭動作練習多次一些。

、略微把標的棍子向前移，當牠朝向標的
　物移動時，就按下響片。

3、將點心丟到你的腳前，以鼓勵牠剛剛繞
　著你腳的內側走動。重複步驟 1 至 3
　次，直到狗兒熟練單邊的動作為止。

、另一邊也重複同樣的練習。

5、把點心放在你想要狗兒跟進的路徑上。

藉由你家狗兒以鼻子推球的方式，來教導你家狗兒玩足球。放一個球在牠面前，叫狗兒去觸碰球，當牠這麼做時，就按壓響片並給予點心。假如牠沒有照做，就在牠跟球有任何互動發生時，按壓響片並給予點心。例如，注視球、嗅聞它，接著觸碰它的時候。一旦狗兒對於觸碰球感到自在時，就只在牠比較用力觸碰球的時候，強化該動作，直到牠可以真正的把球推到一段距離以外為止。教導牠把球推進一個在牠身旁的箱子裡，將暗號更改為「射門！」或是「貝克漢！」。

強化任何關於以鼻子觸碰球的行為，來開始這個練習。

將標的物置於門上，叫狗兒去「觸碰」，然後逐漸將你的手移開，並且越離越遠。

在狗兒觸碰櫥櫃門上的塑膠標的物時，就按壓響片並給予點心。

將「觸碰」行為延伸到觸碰塑膠蓋。在一開始的時候，先將蓋子握在你的手上，靠近地面的位置。然後把它放在地上，在牠觸碰時，就按壓響片並給予點心。假如你沒拿著塑膠蓋時，狗兒就完全不想觸碰它，你得需要花多一點時間來戒除牠對於你的手的依賴。緩慢增加你手和標的物之間的距離，現在，將蓋子拿離地面，貼在牆面上，並且重複動作，直到狗兒對於標的物不是由你拿著，而是貼直在壁面，會感到自在時為止。

■ 將標的物黏在一個關閉的櫥櫃上。

■ 在牠觸碰幾次之後，就按壓響片並給予點心。

■ 開關櫥櫃門數次，好讓狗兒習慣這個聲音。

■ 將櫥櫃門略微開啓，同時強化牠觸碰的動作數次。

■ 只在牠較用力推櫥櫃門，並把它關上時，才按壓響片。

■ 把櫥櫃門再打開一點，然後重複以上的動作。

■ 重複以上過程，直到牠很自在的大力推門，並且把櫥櫃門關上。

■ 慢慢的將標的物改換成較小的物體，直到牠可以在沒有視覺標的物存在時，仍會關門。

■ 將暗號更改為「關門」。

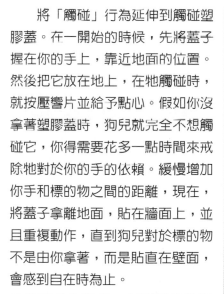

改變暗號

在講出舊暗號之前，先給一個新暗號，以便你改變暗號。當你家狗兒做出正確的反應時，先給一個新暗號，然後再給舊暗號，接著按壓響片並給予點心。最終，你可以停止使用舊暗號。改變暗號的順序如下：

- 說「關門」
- 說「觸碰」
- 狗兒關門
- 按壓響片並給予點心
- 重複以上動作數次

- 說「關門」
- 牠把門關上
- 按壓響片並給予點心
- 重複以上動作數次

> 改變暗號的秘訣：先給新暗號、再給舊暗號，接著按壓響片並給予點心。

將門略微開啟，並且強化觸碰標的物的行為。

逐漸縮小標的物，直到牠能夠在沒有任何標的物的情況下，做出推門的動作。

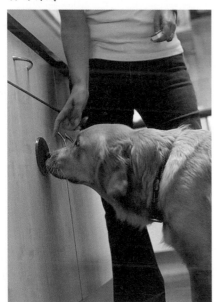

想要把你家狗兒叫到幾公尺距離外的定點上，要求牠在那裡趴下等待？那麼，請嘗試以下步驟：

第一步

你可以運用以下兩種方法的其中一種：

■ 將標的棍子插在地上，叫狗兒瞄準標的物去「觸碰」。每當牠觸碰時，就按壓響片並給予點心（圖2）。

■ 將標的物改為一個塑膠蓋，把蓋子拿到狗兒的鼻子前方，離地面不遠之處。叫牠去「觸碰」，並且按壓響片、給予點心。現在將蓋子放在地上，當狗兒去觸碰後，就給予其獎勵。逐漸將你的手移開標的物，並重複以上動作數次，直到牠能夠自信的觸碰被擺在不同位置的塑膠蓋為止。

第二步

現在移動你的身子到距離標的棍子一步以外的位置。快速將你的手指向標的物，同時配合一個語言暗號「觸碰」。在牠觸碰標的物時，就按壓響片並給予點心，並重複這個練習數次。你要逐漸離開標

的物，直到牠每次都能離開你走向標的物為止。

1、將標的棍子插在軟土中，或是運用其他可放在地上的標的物來代替。

2、當狗兒觸碰標的棍子的頂端時，就按壓響片並給予點心。

3、教導狗兒觸碰棍子，然後趴坐（先「觸碰」再「趴坐」）。在牠趴坐下來時，就按壓響片並給予點心。

4、一旦牠熟練「觸碰」後接下來的「趴坐」動作時，你就要逐漸遠離標的物。

5、現在你可以將牠差遣到一個你所指定的定點趴坐下來，並能在一段距離之外控制你家狗兒。

第三步

這是一個獨立的練習，你要教導狗兒在觸碰到標的物後趴坐下來。在你進行以下任何步驟之前，需先建立好「趴坐」這個暗號。站在標的物的旁邊，叫狗兒去「觸碰」，然後在牠已經觸碰到標的物之後，立即叫牠「趴坐」下來。在完成「趴坐」動作而非觸碰時，按壓響片並給予點心。重複「觸碰、趴坐」動作數次。

第四步

再次逐漸增加距離來訓練。緩慢增加你與標的物之間的距離，並叫牠「觸碰」再「趴坐」。這時，你可以快速的將遣開至標的物與觸碰、趴坐的動作結合在一起，所以應該能夠將牠差遣到標的物那裡去，並在一段距離外指示牠趴坐下來。

第五步

漸漸縮短棍子的長度，或逐漸把蓋子換成小的，直到狗兒會在你說「觸碰」而沒有視覺標的物時，走往你所指的任何方向。這會讓人非常印象深刻！最終，你可以將暗號自「觸碰」改為「離開」（參見第 144 頁）。

1、 移動一個藏起來的點心好讓狗兒在嗅聞時，必須移動牠的身體重心。當牠略微將腳掌抬離地面時，就按壓響片。

2、 在牠將腳掌抬得更高時按壓響片，直到牠把腳掌放在你的手上為止。

要讓你家狗兒能夠跟你握手，請依照以下順序：

■ 向你家狗兒展示一個點心，然後把它藏在你的拳頭中。將你的手置於牠口鼻部下方。通常在狗兒坐下時比較容易進行。

■ 等待你家狗兒為了要取得點心而輕推你的手，並把牠的腳掌放在你手上的動作。

■ 一旦腳掌有任何靠近你的動作出現時，就按壓響片並給予點心，即使在一開始只有些微的移動時，也照做不誤。

■ 在一連串的重複動作下，對於牠抬得更高且控制得更好的腳掌動作給予獎勵。

■ 把手中的點心拿掉。

3、 打開你的手，彷彿在做一個握手的動作一樣。

■ 以一個握手姿勢，打開你的手掌。

■ 新增「你好！」或是「把腳掌給我！」的暗號。

強化牠腳掌抬得更高的動作。

- 在狗兒做出「把腳掌給我」的動作時，就按壓響片，重複該動作數次。
- 把你的手抬高一點。
- 只在牠把腳抬得更高時，選擇性的按壓響片。
- 將暗號由握手改為「擊掌！」或「Give me five！」。
- 新增「擊掌！」或「Give me five！」的語言暗號。

移動你的手，將你的手指朝上，使其成為「擊掌」的視覺暗號。

要你家狗兒「揮手」，得先以幾個「擊掌」動作作為開始。然後接著進行以下的步驟：

■ 在你家狗兒快要觸碰到你的手時，就把手移開。

■ 當牠的腳掌在空中揮動時，按壓響片。

■ 現在只在腳掌在空中的動作發生數次後，再按壓響片。

■ 逐漸減少你的手部動作，並為牠揮動腳掌的動作引入一個新暗號，好比「再見！」。

當狗兒持續做出好幾個引發揮手的揮腳掌動作時，就按壓響片並給予點心。

狗兒實用技巧教導

腳掌標的引導法對於狗兒靈敏度訓練，以及許多的把戲訓練相當有用。它甚至可以用來訓練伸出腳掌、擊掌和揮手動作。請由以下順序進行練習：

- 把一個標的物放在地上，並將點心藏在它的下方，或是將點心握在你的手心。
- 運用一個塑膠蓋，但它必須和你用來進行鼻子目標引導練習的標的物有所不同。
- 耐心等候，直到狗兒試著取得點心時，並用腳掌觸碰到標的物為止。
- 一旦腳掌有任何移向標的物的動作時，就按壓響片並點予點心，直到牠的腳掌動作變得更刻意為止。
- 只在狗兒腳掌完全觸碰到標的物時，才按壓響片。
- 將標的物往四周移動。
- 新增一個暗號，如「抬腳」或是任何聽起來與現有暗號不會太相近的詞彙。

（上）當狗兒將腳掌放在地上的標的物時，就按壓響片。

（下）你可將標的物拿起來要狗兒觸碰，並且獎勵任何一個抬腳掌的動作。

你也可以運用標的棍子來教導你家狗兒退後。

退後是一種非常有用的行為，好比有碎玻璃在地板上時，你會希望狗兒離它遠一點。依照你的需要來放置點心，並進行練習。練習順序如下：

- 你要坐在椅子上。
- 放一個點心在你的兩腿之間。
- 讓狗兒取用點心。
- 當牠抬起頭來想要另一個點心時，牠的重心將會往後移動。
- 在重心往後移動時，按壓響片。
- 再次把點心放在你的兩腿之間。
- 重複以上動作數次。
- 暫時不要按壓響片，直到狗兒退後一步（通常是將其中一隻後腳向後移動）。
- 若有任何向後移動的動作發生時，就按壓響片。在每次按壓

響片之後，藉著將點心放在你兩腿間的方法，來讓牠回到原來的位置。
- 在牠向後退更多步時，才按壓響片。
- 一旦狗兒可以往後退好幾步時，就在牠呈直線方式退後時，再按壓響片。
- 新增「退後」的暗號，可以伴隨一個手部訊號，或者也可以只單獨使用「退後」的語言暗號。
- 將你的姿勢改為站立，並且在一開始時，先降低你的標準，當牠略微向後退的動作出現時，就按壓響片，直到狗兒能再次了解你的意思為止。

1、從「趴坐」位置開始，運用一個點心來誘導狗兒彎向右後方。

2、起初，在任何類似完整翻滾動作的相似動作出現時，都要按壓響片。

為了讓狗兒做出翻滾的動作，得先要求牠以慵懶的趴坐姿勢開始。

3、繼續進行訓練，一次只練習一個步驟，直到狗兒能很流暢的完成動作爲止。

- 用點心引誘牠來使口鼻部移向側邊和上方（你要做一個繞圈的動作，從側邊繞到後方），讓牠的脖子呈彎曲狀態，好讓牠在翻轉後以側身著地。
- 首先，在牠彎著脖子的動作出現時按壓響片，然後在牠翻轉到以側身著地時再按壓一次響片。
- 一旦狗兒翻轉到以側身著地時，就繼續翻轉滾動作，好讓牠能翻向另一邊。
- 當牠翻滾一圈時，就按壓響片。
- 新增暗號。

翻滾動作的前段動作：翻向側邊，可以當作一個單獨的行為來教導。當狗兒側身躺臥時，就按壓響片並給予點心。增加該動作的維持時間，然後新增「昏倒」暗號，並且將它用來作為跳到人們身上的一個趣味性取代動作。

當狗兒翻倒的那一刻，按壓響片並且給了一個點心。

趣味練習十九：裝死

當你誘導你家狗兒進行翻滾動作時（參見第 152 頁），也可以捕捉牠四腳朝天的動作。當狗兒四腳朝天之際，就按壓響片並給予點心。當牠延長該動作的持續時間，就給獎勵牠，然後新增「裝死」的暗號。

如同教導狗兒進行翻滾動作時一樣，運用一個點心來誘導牠做出四腳朝天的動作。一開始訓練時，先讓牠做出動作後再按壓響片並給予點心，然後再增加維持的時間。

可以教導狗兒把牠的下巴放在地上並且持續維持這個姿勢，讓牠看起來好像是真的很累的樣子。假如你在訓練課程中的最後進行該項練習，是再好不過的時間了，或者也可以在狗兒於體能訓練後，可能真的已經感到疲勞時進行。練習相關的順序如下：

■ 叫牠趴坐下來。

■ 當牠有任何頭部往下的動作出現時，就按壓響片並給予點心。

■ 現在，只在狗兒的下巴觸碰到地上時，才按壓響片並給予點心。

■ 增加動作維持的時間。

■ 最後，新增一個「你累了嗎？」的暗號。

在狗兒的下巴觸碰到地面時，就按壓響片，然後給予一個點心。牠將會很快學會自己應該如何做才可得到下--個獎勵。

第 8 章
解決狗兒管理問題

狗兒有各式各樣的行為問題，你可以簡單的以一般常識的解決方法來對付這些問題。大多數所謂的問題狗兒，通常僅是感到厭煩，而只要牠們能接受到心理與生理上的刺激時，就會變得規矩許多。一隻問題狗兒常與牠所學到的錯誤行為有關係，而你所要做的就是重新教導牠關於能被接受的行為。然而，其他的狀況就顯得較為複雜且難處理，可能需要結合行為治療等技巧，或甚至需要輔以藥物治療。

在本章中，我們將會討論較多關於惹人厭的行為，而非異常行為，例如挖洞以及吠叫。而第九章中，我們將會著墨於較為嚴重與複雜的問題，好比攻擊行為和恐懼症。許多行為上的問題可能有部份重疊，以致於同時落在一些重疊的領域裡，然而，就實際目的而言，可用分類法將這些行為問題區分為：需要以直接處理方法來治療和需要較為複雜的方法來進行治療。

三種主要對付麻煩行為的方法為：舒解煩悶、營造更能導引出良好行為的環境，以及重新教導適合的行為。

舒解煩悶

會感到煩悶無聊的狗兒們是那些屬於「自己管自己」型的，因為沒有有趣的事可做，所以牠們會找一些事情來排遣。這常見於年幼的狗兒（直到兩歲大為止），以及正在換牙的幼犬（兩個月至四個月大）。

這些狗兒們需要更常以運動來產生生理上的刺激，並以結構性的互動來產生心智上的刺激，這包括了訓練、散步，以及一個多采多姿的環境（參見第三章）。可能由無聊煩悶所引起的行為，包括嚼咬、挖洞、吠叫和嗥叫。

調整環境

當你不在狗兒身邊來看管牠時，需要找到可以鼓勵牠的方法，好讓牠能表現出好行為。不同的行為需要不同的方法，但總括來說，

某些犬種和狗兒需要有高度的生理與心理刺激。圖中這隻邊界牧羊犬正在玩高飛球的遊戲：這台鋪有地毯的平台會丟出一顆網球，而牠必須接住網球，並在幾次的跳躍動作之後，將它帶回來給訓練者。

你應該提供你家狗兒一個適當且具吸引力的機會，來表達牠的需求（無論是公狗或是母狗），而且不容許牠接近問題區域，或者讓那些地方變得沒那麼吸引牠。調整環境對於改掉挖洞、翻垃圾、從櫥櫃偷走東西接著逃跑等行為很有效。

重新教導

重新教導包括辨識和移除狗兒在你面前尋求被注意的增強行為，以及難以駕馭的行為，如果有必要的話，就該中斷行為並以一個適當的活動取而代它。要達成以上目標的相關步驟將於以下描述。

步驟一：辨識並移除增強作用

一隻狗兒會重複做那些能得到獎勵的行為，假如一個行為曾經被強化，但現在已經不再那麼強化了，狗兒將會停止做出該行為，這種反制約的過程被稱作消去作用（extinction）。當消去作用運用來停止一個壞行為時，壞行為可能在它開始好轉之前，變得更糟。這種

假如你家狗兒在訪客到達時，變得過度興奮，就要避免問題行為的發生。以牽繩來保持控制，好讓牠不能成功的做出不當行為來。

現象被稱為「消去爆發」（extinction burst）。

假如你不再獎勵狗兒的不當行為，便可以讓你家狗兒停止不再做出壞行為。試著去弄清楚什麼對你家狗兒是一種特別的獎勵，是社會接觸？得到食物？或是玩玩具？還是令牠感到興奮的環境刺激？參考下一頁表格中關於增強行為的例子，以及如何糾正相關的惱人行為。

運用消去法來對付惱人行為

消去法有兩個潛在性的問題，第一是狗兒沒有被教導一個可被接受的行為，於是正當的行為被其他的不當行為所取代。

消去法只有在與其他增強和被期許的行為結合、併用時，才會有效（參見第 161 頁）。

辨識並消除增強作用		
行為	可能的增強作用（你不能做的）	如何達到消去作用（你該做的）
跳到人們身上	注意力、生理上的互動、語言上的互動、眼神接觸	不用手碰狗兒 轉身離開狗兒 保持安靜 眼神轉向別處
攫取一個被禁止的物品同時跑開	引發一場追逐遊戲	不要追逐狗兒 以更有價值的東西作為交換，好比一個點心
在門邊哀鳴，好被允許進入	開起可通過的門	狗兒哀鳴時不要開門 狗兒停止哀鳴時再開門 在預期狗兒哀鳴前就先開門
撕碎垃圾袋	袋子內有食物碎屑	將垃圾袋放在牠無法搆到的地方

第二，在消去作用過程中，「消去暴發」可能產生問題尚未被解決的不正確印象。

讓我們來看一個例子：你家狗兒習慣且每次跳到你身上時，就會得到撫摸。現在牠跳起來時，你要保持雙臂交叉並轉身背向牠，這時牠會一次又一次的跳躍，並把腳掌搭在你身上，同時哀鳴並將自己如同飛彈般發射到你身上。你要不動如山，表現得毫無興趣，這樣牠就會放棄。

假如牠在強化壞行為時（指的是「消去暴發」出現時），確實得到了你的注意力，你將會強力的增強牠所做的「強化壞行為」，即狗兒會學到努力去嘗試真的會有效。所以，當你在應付一個不當行為時，要預備好去面對「消去暴發」的情況，並確保永遠不會增強它！

要等到你家狗兒平靜下來，再把門打開讓牠進來。千萬不要爲一隻哀鳴或是抓門的幼犬開門，這只會增強其惱人的行爲。

有時，不論你多麼努力的試著不要強化狗兒的不當行為，牠仍舊我行我素。每當狗兒開始並完成一項不當行為時，這個行為就已經被強化了。假如你能成功的中斷壞行為，牠日後也就比較不會重蹈覆轍。

你該以不會引起狗兒疼痛及恐懼的方式中斷其不當行為。比如，一個裝了銅鈑的搖搖罐、一隻水槍，或是派對用喇叭等都是不錯的工具。然而，對聲音比較敏感的狗兒而言（某些狗兒以及多數的邊界牧羊犬），搖搖罐所發出的聲音會

在不當行為發生的當下就要準備好立即進行中斷。

讓牠們感到煩惱與痛苦。這時，改用水噴灑牠們可能是比較有效的方式。但對某些狗兒來說（尤其是愛水的狗兒，如拉不拉多），這樣做可能正好強化了牠們的不當行為。遇到這種情況，可在水中加入幾滴香茅精油來降低牠們的興緻。而使用的中斷工具最好是不要與人有直接的關聯，所以不要用你的聲音嚇阻，以免狗兒誤認為這是口語強化。

中斷技巧僅在不當行為發生時運用才有效。記住！狗兒只能從自己的行為所導致的立即結果中學習。運用中斷技巧，就如同消去技巧一樣，必要的是教導你家狗兒另一個可被接受的行為，好讓牠們再遇到相同狀況時，有適合的前例可循。首先，你得教導牠們新的、可被接受的行為，然後與中斷技巧並用來替代不當行為。

> 只有在消去技巧不成功
> 時運用中斷技巧。

替代的行為	
不當的行為（你不喜歡的行為）	替代的行為（你喜歡的行為）
狗兒跳到人們的身上 狗兒對著窗戶吠叫 門鈴響起時，狗兒衝到門前 狗兒咬訪客的衣服 狗兒乘騎在某人的腿上	狗兒平靜的四腳著地 狗兒嚼咬玩具 狗兒坐在廚房的墊子上 狗兒在訪客抵達時，把玩具咬在嘴上 狗兒趴坐在墊子上

即使你已經成功去除不當行為的強化作用，或是可以中斷它時，仍然需要教導牠替代的行為。假如你不這麼做，壞行為不久之後可能會重新浮上檯面，或是另一個問題行為可能會取而代之的被發展出來。

聚焦在正面而非負面的事物上：假如你家狗兒做了某件你不喜歡的事情，不要把焦點放在告訴狗兒不該做什麼，因為牠只會「做好事情」。你反而該思考你想要牠做什麼，而不是你不要牠做什麼。鼓勵一個和問題行為無法並存的替代行為，並且獎勵牠，好讓該替代行為成為一種制約。

不把焦點放在禁止狗兒咬人上，而聚焦在讓牠把自己的玩具帶在身旁，同時獎勵牠這麼做；不把焦點放在禁止牠在門鈴響時，衝向門前，而是讓牠坐在墊子上這件事變得更值得。教導你家狗兒一個適當的新行為來取代一個現存的不當行為。第六章中所提到的所有放鬆與自我控制的練習，都是很好的替代行為。

這隻狗兒已經學會安靜的趴坐，而非自己上前去取得食物。

當你下班返抵家門時，若試著去應付一隻興奮過頭的狗兒，是不會成功的，你要試著避免這樣的情形。

當你有時間換下上班的服裝，並且準備好點心與中斷工具時，再來建立正確的迎接與招呼習慣。

建立該階段

一旦需要以消去法來應付問題行為時，得先仔細計劃你的訓練課程，這會是個明智的決定。假如你在問題發生的當下對付壞行為，你不會很快的得到正面的結果。假如狗兒每次在你下班後會跳到你身上，而此時你的一隻手正提著公事包，另一隻手拎著購物袋，而且你已經累了一整天了，這時將很難有機會成功的應付壞行為。

反之，當你返抵家門時，讓某人先以牽繩牽著狗兒，或是讓牠處於一個不會直接接近你的地方。安排一個當你準備好、穿上舊衣服、休息，並且平靜下來的時候再進行訓練課程。

- 首先，藉由一些方法，例如重複獎勵牠（參見第六章）來教導替代的行為——坐在一個墊子上。在一個平靜且安靜的環境下開始進行訓練，在這裡狗兒將不容易分心。

- 準備好中斷工具和一些獎品，確定這些獎品可以給狗兒足夠的激勵，而你的中斷工具對狗兒真的有效。

- 建立一個與問題行為發生時相似的背景情境，並且要牠做出你不希望出現的動作（例如跳躍）。

- 在問題行為發生的那一剎那中斷它，時機是祕訣！這時若有一個助手來幫忙，通常會有所幫助。即一個人負責中斷，另一個人則負責獎勵。規律的進行角色的交換。

- 要求狗兒做出替代行為，並且因此獎勵牠。

- 重複以上步驟數次，然後在一

個不同的地點或是有著不同的人們的情境下，重複以上練習數次。

應付特別的問題

當狗兒獨處時所發生的惱人行為（破壞性行為或是挖洞），經常可以單單藉由更多的生理和心智上的刺激來舒解煩悶，最後即可解決。一旦問題行為是針對人們而來的（跳到人們身上或是咬人），這通常是一種地要引人注意、需要立即得到關注的行為。

過度尋求引人注意的行為

正確應付引人注意的行為是行為治療法的基石之一。大多數無法被控制或是「固執」的狗兒們，都有過度尋求注意的現象，但牠們對於非強化作用和教導牠適當的替代行為，都有著良好的反應。尋求引人注意的行為，舉例如下：

- 跳躍
- 以腳掌拍打
- 用嘴接觸物體
- 輕咬（四肢或是衣物）
- 跳到工作檯上並且偷吃食物
- 抓取並嚼咬物品
- 乘騎
- 自慰

有高度關注需求的狗兒們，不是得到太多未受控管的注意力，就是未得到足夠、優質的關注力。確保你能用自己的方式，在狗兒身上規律並花時間建構質佳的訓練法，再來對付以下問題（參見第四章）。乘騎與自慰是正常的狗兒行為，它在公狗與母狗、結紮與未結紮的狗兒身上都可能會發生。去勢通常會讓乘騎行為明顯減少。

停止所有與狗兒的社會互動，以便教導牠漠視過度尋求注意的行為。

教導狗兒一個適當的替代行為，例如：趴坐在一個墊子上嚼咬一個玩具。

破壞性的行為

無聊、尋求注意,以及焦慮均可能引起破壞性的行為。年幼、活躍和無聊的狗兒們具有破壞性的傾向,例如:拉扯捲筒衛生紙、嚼咬枕頭、咬書、破壞地毯和嚼咬傢俱。

假如你家狗兒在你面前嚼咬如植物和傢俱等東西,這可能是一種尋求注意的行為。當狗兒們深深感到沮喪時,可能藉由騷抓、嚼咬朝屋外與屋內的通道、經常在門邊挖洞、撕扯地板、衝破窗戶和破壞不銹鋼安全門來大搞破壞。這些狗兒們正經歷強烈的恐懼感,這通常與一個特別害怕的刺激有關(例如噪音恐懼),或是與分離焦慮有關(參見第九章)。

挖洞

挖洞是一種很容易自我增強的正常行為。當狗兒挖掘泥土、根莖植物和昆蟲等東西挖得越深時,這會引起牠的極大興緻。挖洞的原因包括無聊、需要掩埋或是把一個有價值的物體藏起來,以及體溫調節(泥土是一個好的隔熱物)。

在一個你不介意被挖開的地方埋些好聞的東西,來為你家狗兒做一個專屬的挖洞區塊。與其有區域不許狗兒接近,倒不如確保牠有一個或是更多舒適的休憩空間。

狗兒通常會找一個舒適的地面在上頭休憩。

Good Dog——聰明飼主的愛犬訓練手冊

追逐移動的物體

　　追逐腳踏車、慢跑者和車子是會自我增強的行為，因為牠總能成功（無論狗兒追逐的是什麼，這些物體都會跑開），因此狗兒學到追逐是有效的。為了要重新教導這個行為，你得重複建立一個追逐不會成功的情境，例如腳踏車騎士在追逐開始時便停下來，而且只在狗兒處於控制狀態時，再開始移動。假如你家那隻愛追逐的狗兒有輕咬和抓東西的傾向時，最好避免這些情形一塊發生，並確保你在那些可能引發追逐的地方，能一直以牽繩牽好牠。

吠叫

　　吠叫可能是一種尋求注意的行為，飼主經常會因為餵食狗兒、與牠玩，或者在口頭上斥責牠時，反而不經意的增強該行為。當狗兒對著那些讓牠們感到威脅的事物吠叫時，吠叫也可能不經意的被強化，例如一位折返的郵差會給牠們吠叫成功的印象。在這樣的狀況下，你可以透過強化安靜與替代行為來重新教導狗兒靜下來。

在一位腳踏車騎士出現時，這隻黃金獵犬因為能自我控制而受到獎勵。

因為路過的人似乎會用走開作為對吠叫的回應，所以圍籬邊的吠叫行為經常被增強，而嘲笑以及大叫也會強化吠叫行為。

在飼主面前會吠叫的狗兒，可能是因為無聊，或是焦慮才這麼做。發聲過度是分離焦慮的徵兆之一（參見第九章）；恐懼可能會引起吠叫，尤其處在新的情境中時（陌生的狗兒們、人們出現）。不要在明明有狀況時，當作沒事般的叫你家狗兒放心，這樣一來你只會增強牠的恐懼感，接著會引發吠叫行為。

試著去建立並移除會誘發狗兒吠叫的事物，或是不讓牠接近這樣的事物，這可能指別讓牠看見和接近鄰居的狗兒，或是靠近前門。假如你需要減少你家狗兒的吠叫情形，要記得增加牠在心智上與生理上其他形式的刺激。通常，夜間會吠叫的狗兒，在晚間若待在室內就會有良好的反應。

一些防吠叫裝置可在市面上看到。這些裝置可裝設在牆上或是櫃子上，抑或附在頸圈上，它們在狗兒吠叫時會啟動。噴灑水或是香茅油，抑或產生超音波音響的裝置，對於吠叫過度的管理可能有所幫助。而那些會產生電擊的裝置則不建議使用，因為驚嚇將會使焦慮狗兒的焦慮症狀更為惡化。然而，在許多案例中，這些裝置不會一直有效，因為狗兒吠叫的潛在動機，可能比來自這些裝置的負面刺激顯得更加明顯、強烈。

跳上櫥櫃／偷吃食物／翻咬垃圾袋

你可以重新教導狗兒不要在你面前做出不當行為，但牠們仍然會在獨處時做壞事。利用雙面膠帶或是使用許多罐子，來做成在門一開啓時就會掉落的陷阱，讓狗兒知道這些問題地點比較不具吸引力。另外，改變滋味可能也有幫助，可使用一個市售的寵物制止物。

對付這類問題的最佳方法，就是使用預防勝於治療的常識！例如，不要在你那隻飢餓的哈士奇犬可以拿得到的地方放置食物，或是不要將垃圾放在一隻喜歡翻食垃圾的挪威娜犬面前。

學習與其共存

狗兒的許多行為，對人類來說是無法接受的，即便這些行為從狗兒的角度看來十分正常。挖洞對於狗兒來說是很正常的，然而卻讓熱衷園藝的人們感到挫折；嗅聞胯下對於狗兒來說是正常的，但是卻讓招待晚餐的主人感到尷尬不已。當我們經常將狗兒以人類的方式對待時，很容易忘了牠們是動物。

假如你家狗兒令人惱怒的習慣和牠顯示出的天生本能行為，對於狗兒本身來說的確很正常，但對於你或是狗兒而言，既非過度也不具危險性，你可能就需要接納它並與之共存，同時只要盡你所能的管理它，樂意妥協吧！提供一個區塊給一隻熱衷於挖洞的狗兒，來讓家中其他區域變得不那麼具吸引力，以防止牠來進行破壞。然而，假如你家狗兒追逐並殺死了貓咪時，你只要接受養了一隻狗兒就不能再養一隻貓咪的事實就可以了。

將垃圾筒蓋蓋好，好讓你家狗兒不會學到壞習慣。若牠每次都能成功的翻咬垃圾，下次牠將更可以做出同樣的事情來。

解決狗兒管理問題

第 9 章
狗兒行為治療

焦慮通常在比較複雜，而不能只用管理的方式來解決行為問題時，才佔有一席之地。在本章中，你可以了解攻擊行為、害怕與恐懼、分離焦慮、強迫行為與去除失調（elimination disorder）的情形，同時探索一個實際的方法來治療這些問題。在這些問題中，攻擊行為最常見，同時也是最嚴重的狗兒行為問題。

攻擊行為

狗兒的攻擊行為是目前動物行為學家所遇到最常見的問題。狗兒能用牠們的牙齒引起嚴重的傷害（天生就是如此），而他們的啃咬與打鬥對任何一方都會引起極大的創傷，尤其在孩童不小心介入時。造成攻擊行為的主要原因如下：

- 控制資源
- 恐懼
- 挫折
- 疼痛
- 獵食者的本能

一隻特別的狗兒，可能會受到以上一個或者更多的原因影響。攻擊行為越明確，將越容易辨識。對於任何形式的攻擊行為，你都應該要完全避免處罰，因為這只會擴大攻擊行為。假如一隻狗兒確實表現出攻擊行為，無論它發生的原因是什麼，都要撤退，並且將狗兒限制在一個無趣的地方數分鐘，直到牠冷靜下來為止。當你安排就序，並要牠學習適當行為所該表現的技巧與解決方法時，要確定出現攻擊行為的情境不會再次出現。每次當狗兒能成功的展現攻擊性時，也就是在運用攻擊行為來擺脫讓牠感到有威脅的事物時，牠將學到要更具攻擊性這件事。假如你對攻擊行為袖手旁觀，這個情況將會逐步升溫到嚴重的程度。

家犬

在飼有多隻狗兒的家庭中，狗兒之間發生打鬥的問題十分常見，其中最可能的原因是控制資源，因為牠們會為資源的取得權而競爭。疼痛也可以引起攻擊行為：一隻興奮過頭的幼犬可能會不經意的傷害

攻擊行為是一個嚴重的問題，尤其在大型犬身上最常看見，因為牠們的牙齒能引起嚴重的傷害。

一隻較年長且患有關節炎的狗兒，而引起老狗疼痛性的攻擊行為。轉向性的攻擊行為通常發生在大門和籬笆旁，例如狗兒的攻擊行為被某個在大門外頭的物體，如一隻經過的狗兒所引發，在那個當下，牠們就會互相攻擊。狗兒之間的攻擊行為較常見於相同性別與同樣體型的狗兒之間。

這是為什麼同時養兩隻同一胎的幼犬或是兩隻同樣體型、年齡與性別的幼犬，不是一個好主意的原因。某些犬種比較具有打鬥的傾向，如梗犬、看門犬和護衛犬，這幾種狗兒的攻擊門檻較低，因此不需做什麼便會輕易與其他狗兒們打起來。

狗兒之間許多的攻擊行為僅在牠們達到社會成熟階段時，才會變得比較明顯，典型的好發期是在兩歲大時，然而發生的範圍可從一歲到三歲之間。一個典型的情形是一隻狗兒在兩歲以前都沒給主人添過什麼麻煩，但突然之間便開始出現打鬥行為。

引發與其他狗兒（們）之間的互動，並控制其他狗兒（們）的那隻狗兒，很可能是在狗兒的社會階層中，有著較高階級的狗兒。而傾向於退後並顯示服從行為的狗兒，其地位則自然屬於較低的階級。然而，在狗兒們當中的階級，並非總是能清楚的辨識。

狗兒的打鬥行為通常發生在資源出現時、在有限的空間、在人們花上較多時間的地方，以及有較多令牠們感到興奮的事物出現時，例如家庭成員回家時。你應該對付或是防止這類的誘發事件。對付狗兒之間攻擊行為的方法如下：

- 確保狗兒們認知到家中的所有成員，都是有效的資源管理者

兩隻不同體型、性別與年齡的狗兒比較能夠和諧相處。

（參見第四章），這將會減少牠們競爭行為的發生。

- 應付狗兒之間的階級：假如你有一隻天生就比較具攻擊性的狗兒，就給牠較多的權利。這將會移除地位較低之狗兒的壓力，並減少牠的緊張感。而在其他狗兒面前，要忽視比較不具攻擊性的狗兒——在建構一個安定的狗兒社會時，若給每一隻狗兒同樣的關注，是件不明智的事。

- 假如你著手進行良好的資源管理時，仍持續有打鬥情形發生，最好的方法就是將狗兒們完全隔離，時間大約一周或是兩周之久。在企圖開始一個漸進、逐步的重新介紹之前，要先讓每一隻狗兒進行放鬆與自我控制的練習。在這個過程中，運用狗口罩或是頭圈是有幫助的。

- 當狗兒之間的打鬥越演越烈，並且引起嚴重的傷害時，最好能執行永久隔離。重新為其中一隻狗兒安排住處才是最佳的解決之道。

- 不要讓自己淌入狗兒打鬥的混水中！假如你必須將牠們分開，寧可利用一個物體，好比是一個木板或是掃帚柄。你也可以用一塊毛毯朝打鬥的狗兒頭部上方丟下，來嚇阻牠們。假如兩隻狗兒都有戴頸圈可讓你抓住時，拉住其頸圈也將有所幫助。

陌生的狗兒們

　　當狗兒與牠所不熟悉的狗兒們打鬥時，所有造成攻擊行為的不同原因都可能是肇因，最常見的問題是因為缺乏社會化過程而引發的恐

家中養超過一隻以上的狗兒時，要應用所有資源管理規則，圖中這兩隻狗兒,在被餵食之前,都必須要先坐下。

假如你家狗兒不輕易讓你為牠繫上牽繩，這可能是一個控制關聯攻擊行為的前兆。

懼（參見第 125 頁）。

熟悉的人們

狗兒對熟悉的人們產生攻擊行為，是一種典型的複雜行為問題，它通常稱作支配攻擊行為，或是控制關聯攻擊行為。具有控制關聯攻擊行為的狗兒們通常都是界於 18 到 36 個月大的公狗（社會成熟期）。

控制關聯攻擊行為的典型表徵，是一隻受寵愛的狗兒突然間攻擊一個（或是更多）家庭成員。這種攻擊行為經常是人們對狗兒做出一特定行為而引發，例如：

- 盯著牠看
- 摸牠的頭
- 擁抱
- 親吻
- 為牠拴上牽繩或戴上頸圈
- 保定頭部或口鼻部
- 從牠身上跨過去
- 將牠從路上推開或是將牠推下沙發。
- 以言語斥責牠
- 以牽繩導正牠
- 處罰牠
- 打擾牠睡覺
- 將一個已由牠控制的物體移開

這個問題出在生理與社會資源的控制上。這隻狗兒想要控制牠自己的資源，而在牠感到自己的資源遭受到威脅時（這個威脅可能真實存在或是牠預期的），會以攻擊行為作為反應。

這樣的狗兒們通常對於自己的社會結構感到焦慮，牠們會覺得沒有安全感，並藉由攻擊行為來測試自己在所處的社會系統中的地位。牠們有時可能極度要求倍受關注，然而卻會在人們引發互動時，隨機且不預期的產生攻擊性反應。

牠們可能會控制人們通往特定區域的通道，例如不讓先生進到寢室和太太在一起，或者控制拔河遊戲和玩具，並且可能經常靠著或是支撐在人們身上，同時將牠們的腳掌搭在人們肩膀上、盯著人們看，並且在他們觸碰到牠時嗥叫。

這些狗兒們就社會地位而言，似乎難以正確的和人們互動。牠們需要果斷的領導者，同時得視人們為高效能資源管理者，而不是威脅人們。這些狗兒們必須學會牠們根本不需要控制任何資源。請留意以下原則：

- 避免所有會讓攻擊行為發生的情境出現，千萬不要因攻擊行為而處罰牠。
- 你必須認真看待資源管理這件事。假如狗兒降服於人類（遵從一個指示），牠應該只是獲得一個資源的使用權。這意謂著狗兒總是在被要求坐下時坐下，並在牠被餵食、得到關注、散步或者在你跟牠玩耍之前，都需要坐下來，或是一直

> 不要讓一隻有控制關聯
> 攻擊行為的狗兒，沒做
> 什麼事而白白獲得獎勵
> 的經驗。

應該教導具控制關聯攻擊行為的狗兒們坐著，來得到牠們視為有價值的事物，例如關注和食物。

等著你。

- 你必須堅毅的忽視所有你家狗兒想要引發互動的意圖。
- 一般而言，雖然可預期與例行性的事物，對於狗兒們而言是相當重要的，但牠們經常會將牠們環境的可預期事物視為是自己能控制的。當牠們期待被餵食時，的確就有東西可吃；當牠們期待被放出去時，就能四處溜達，而這只是因為牠們已經習慣了。在這樣的情況下，為了要收回掌控權，你得把這些事物變得略微不可預期，這將曾強化你家狗兒對你的依賴性。在不同的時間餵食，或者甚至偶爾漏掉一餐，同時稍微改變牠散步和玩耍的時程表。

大雷雨恐懼症可能引發強烈的苦惱，這會以破壞性的行為顯現出來。這隻母狗的恐懼症，以抓牆壁顯示其特徵，每當遇上大雷雨，牠獨處時就會被強化。

■ 一旦你已經恢復資源的掌控權和規則結構，就逐漸在牠被掌控的環境下，重新引入會觸發攻擊行為的事物。在某些情況下，則需要開藥施以藥物治療。

假如你怕你家狗兒咬人，或是牠已經有咬過某人的記錄，就應當立即尋求合格的動物行為學家或是獸醫師的協助。

陌生人

對陌生人做出攻擊的行為，大多是牠恐懼下的產物。原因是你沒有讓牠進行適當的社會化過程，或者是牠已經對於不熟悉的人們有了負面和懼怕的經驗。假如問題變得明顯時，應立即加以治療，有系統的去敏感化作用和反制約作用在這些情形下將會非常成功（參見第120頁）。

其他的動物

狗兒對於小型動物的獵捕性攻擊行為，是有高度本能的，而且難以成功治癒。具有高度獵捕本能的狗兒，在攻擊行為風險的存在之下，應當被繫上牽繩，或是飼養在沒有小型犬和近似獵物的寵物的家庭之中。

害怕與恐懼症

害怕是正常的，在許多時候它還可以救命。然而，當一隻動物不習慣任何引起害怕的事物時，它就變成了一個問題。恐懼症是非常強烈且不正常的害怕。害怕是逐漸發

假如過度發生追著尾巴打轉的行為時，它可能是一種強迫性失調症，它會干擾狗兒正常的日常活動與功能。

展而成的，但恐懼症是突然引發的，然而動物們卻可能對引起恐懼的事物不習慣。

患有恐懼症的狗兒們會喘氣、顫抖，並會試著跑開或是躲離牠們所感受到的威脅。牠們會顯現出強烈的害怕肢體語言，甚至可能會尿失禁、排使，以及排光牠們肛門腺的分泌物。

治療包括去敏感化作用、反制約作用，以及藥物治療（參見第182頁）。當患有噪音恐懼症的狗兒變得恐懼時，牠將會因為進入一個安全、最好是可藏身在其中來隔音的「洞穴」中，而得到舒緩。要小心不要在這樣的情境下，因為過度安撫而增強了一隻患有恐懼症狗兒的害怕感受——過多的關注可能是一種獎勵，但也可能會增強恐懼感。只要待在你家狗兒身旁，而不要太大驚小怪，跟你的獸醫師談談藥物治療，以及使用狗兒費洛蒙產品的相關事宜。

強迫行為

強迫行為意指無緣無故的、難以或甚至不可能中斷的重複性行為。一旦任何正常的行為，例如舔舐或吠叫，突然非常過度的進行著，並因此妨礙了狗兒正常的功能

性活動時，就會變成強迫行為。強迫行為舉例如下：

- 追著尾巴打轉
- 咬蒼蠅
- 追逐影子
- 不停的舔舐皮膚（肢端舔舐肉芽腫）。
- 不停的吃石頭或者其他的非食物物體。
- 不停的吠叫
- 不停的舔舐，例如，牆壁或是地板。

在一些案例中，確實有一些犬種容易具有這類問題行為的傾向，例如白色的牛頭梗具有追著尾巴轉的傾向。壓力與焦慮也會引起強迫行為，然而其相關的致病機制尚未被清楚了解。留意狗兒不經意的強化行為，這也是讓行為發展為強迫行為的原因之一。

試著認清觸發強迫行為的事物，去除或是中斷它，同時將它導正為具功能性與可被接受的行為。將以上方式搭配豐富的環境刺激和藥物治療，便可運用來治療這些狗兒們。

治療分離焦慮：在你並非要出門時，假裝你正要出門，來減低與分離相關的壓力。

分離焦慮

有著分離焦慮的狗兒們，一旦牠的主人不在時，會具有破壞性。牠們會很典型的過份依賴主人，在主人離開之前會變得焦慮不安，而主人回家時則會顯出非常熱烈的歡迎行為，而且會跟著主人到處走動。這些狗兒們無法應付獨處，牠們也可能會在獨處時，出現過度吠叫與嚎叫、在不當的地方大小便、踱步並且流口水的行為。

這種苦惱的現象通常在主人離開後的 30 分鐘之後開始，並且大致會持續到主人回來為止。當主人不在時，並非所有顯出破壞性的狗兒們，都會受到典型的分離焦慮之苦。有時一隻並未過度依賴主人的狗兒，在牠獨處於家中時曾經歷過不好的經驗，於是牠會將這個不好的經驗（例如，一場劇烈的大雷雨）和主人的離開關聯在一起，從此以後，牠對於主人的離去會感到焦慮，即使沒有暴風雨發生亦然。此外，狗兒們也會在一些環境中因熟悉的事物改變，而經歷到分離苦惱，例如，當你搬新家，或是將狗屋重新擺設時。假如一隻狗兒只在某些日子具破壞性行為而非連續出現，那牠可能只是因為過度活躍和感到無聊煩悶罷了。

如何治療分離焦慮可遵照以下準則：

- 鼓勵獨立的行為：例如，創造機會讓牠離開你一段距離，而不是在你身旁玩一個玩具。
- 減少牠尋求注意的行為（參見第 163 頁）。
- 不顯出興奮之情或是不小題大作，讓回家與離家保持低調。在要離開前的至少半小時以前，開始忽視狗兒。
- 將離開的線索和其他與離開無關的事物關聯在一起，以去除狗兒對於離開之線索的敏感度。當你不打算離去時，拿起車鑰匙，並在你真的要離開時，從不同的門出去。
- 練習第六章中所描述的待在原地的動作，逐漸增加離開視線的時間，來對你家狗兒進行去敏感化作用。當你在家時，暫時關起你和狗兒之間的門，然後逐漸增加時間長度。
- 當你家狗兒必須獨自留下時，儘可能試著將環境維持得就像你在家一般。例如，讓收音機繼續開著（假如這是你在家時常會做的事）；留給狗兒一件有著你氣味的衣物，並允許牠進入一個你在其中花費許多時間跟牠在一起的房間或是區域。
- 和你的獸醫師討論關於藥物治療的可能性。

不當的去除作用

把家裡弄得一團糟的可能原因如下：

- 不完整的居家訓練
- 醫學上的問題，例如，尿失禁。
- 進入一個喜愛的地點次數不夠多。
- 分離焦慮（只有在主人不在時才會發生）。
- 尋求注意的行為（只發生於主人在場時）。
- 服從性的排尿——通常發生在幼犬迎接新事物的時候。

當一隻患有分離焦慮的狗兒獨處時，要留給牠一些牠所熟悉的氣味與聲音——主人的圍巾和廣播節目可以幫助狗兒放鬆。

會在直立的物體上排尿是公狗典型的行為，當它發生在家中時，經常是一種社會焦慮的徵兆。

- 因興奮而排尿
- 強烈的害怕
- 標記行為
- 年紀老邁——部份肇因於狗兒認知官能障礙症候群（狗兒的阿茲海默症）。

一隻未經過適當居家訓練的狗兒，需要藉由持續的監督、經常得以進入喜愛的地點，以及在牠去除問題行為的當下，給予立即的獎勵（先等牠完成後），來教導牠該在何處去除一些壞習慣。確保你家狗兒不會將你所要牠去除問題行為的地點與任何負面經驗，如處罰或是害怕，關聯在一起。

一隻經過適當居家訓練的狗兒，在牠生命中的某個階段突然開始在家中排尿或排便，這可能是醫學上的問題。

標記行為同時發生在公狗與母狗身上，然而不常見於去勢的公狗——去勢是可接受的。尿液標記行為反應出家中的社會變化，例如一個新的男朋友或是一隻新的寵物出現。與新成員之間非強迫性、正面的互動關係，應該能解決這個問題。

將你的身體放低來接近一隻有著服從性排尿行為的狗兒，是一種完全不具威脅的行為。首先，你甚至不要接近這隻狗兒，而是等牠來過來靠近你。避免直接的眼神接觸，同時不要靠在牠的身上。假如牠沒有排尿，就給予牠獎勵。

不讓牠有機會接近觸發物：假如狗兒不喜歡小朋友，就在家中有小朋友來訪時，將狗兒移到別的地方去。

解決行為問題的系統化方法

　　一個解決行為問題的系統化方法，比起一個快速的解決法來得容易成功（參見第 185 頁）。它應當有計劃、階段性的建構：

■ 準備一個乾淨的石板──移除引發問題行為的事物。

■ 去除生理性的原因

■ 準備好必要的技能與解決之道。

■ 重新引進觸發的事物

　　萬不得已的選擇包括重新安排居所和安樂死。

以一個乾淨的石板作為開始

　　當你開始著手進行行為治療計劃時，假如你可以完全避免問題行為的觸發物，那是再好也不過的了。最佳的做法是暫時將那些引起問題的刺激物移開，一旦你已經適當解決了其潛在的問題時，便可以在可控制的環境下，重新引進觸發物。

不讓牠有機會接近觸發物

　　假如你不能移除觸發物，試著將狗兒從觸發物移開。例如，你有一隻對小朋友感到害怕的狗兒，那就讓牠遠離小朋友。

狗兒行為治療　　**(179)**

去除生理性的原因

　　行為症候群可能是由生理狀況所引發，例如傳染、性疾病、寄生蟲感染、中毒、關節炎、與耳朵感染所引起的疼痛、甲狀腺疾病、視力與聽力不佳、膀胱問題，以及與營養失調有關。當你認定你家狗兒有主要的行為問題之前，先讓獸醫師為牠進行檢查。在進行行為治療之前，要先治療所有的生理病況。

賀爾蒙效應

　　生殖賀爾蒙可以影響一隻狗兒的行為。結紮（將母狗的卵巢和子宮以外科手術摘除）與去勢（將公狗的睪丸以外科手術摘除）也會造成行為上的影響。

　　去勢的效應包括如下：

■ 降低攻擊性
■ 攻擊的門檻值升高——較不易被引發攻擊行為。
■ 降低閒晃行為
■ 降低尿液標記行為
■ 降低乘騎行為

左邊為一隻尚未去勢的公狗。當公狗去勢之後，陰囊（內含睪丸）會變得比較小。外觀上看不出來一隻母狗是否已被結紮過，右邊這隻母狗並未顯示出發情的徵兆。

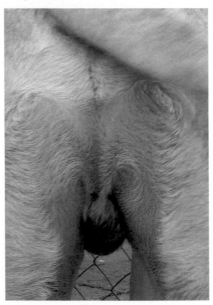

結紮會產生以下影響：

- 發情週期不再出現
- 無法受孕
- 降低和其他母狗之間的打鬥率。

　　結紮與去勢均能降低狗兒之間的攻擊行為。在公狗中，假如有一個清楚界定存在於狗兒之間的階級關係，只將具有較低階級的公狗加以去勢，以增加兩隻狗兒之間的社會地位差距，較具有意義。然而，即使所有的狗兒們都經去勢後，那麼打鬥也應該會減少，因為攻擊性已經降低。

技巧與解決之道

　　教導你家狗兒社會技巧，並且提供牠一個環境，使牠在其中可以適當行事。它包括以下一項或是多種方法：

- 建立一個清楚的社會結構（參見第四章）。
- 建立一個清楚的規則結構（參見第四章）。
- 教導放鬆技巧和自我控制（參見第六章）。
- 教導一個替代性的行為（參見第八章）。

重新開始／重新引進觸發物

　　在可控制的環境下，重新引進觸發物（假如你不能永遠去除他們），可運用放鬆與自我控制技巧來增強適當的行為。

重新引進觸發物：一旦一個清楚的社會規則結構已經明確建立，狗兒就可以在一種可掌控和愉悅的方式下，重新介紹原先讓牠感到不自在的小朋友。

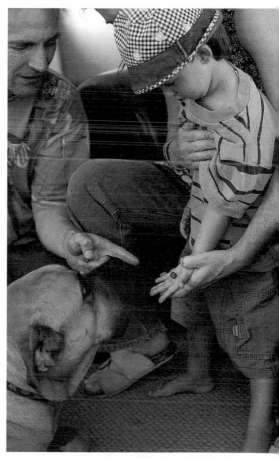

有系統的去敏感化作用和反制約作用

反制約作用是一種古典制約的形式，包含改變先前制約經驗的影響，例如，在大雷雨時跟一隻狗兒玩耍，好讓牠學會將大雷雨和樂趣，而非害怕關聯在一起。系統化的去敏感化作用，是一種特殊類型的反制約作用，它教導動物在一個引發懼怕的刺激物出現時，進行放鬆，就好就在教導一隻害怕槍聲的狗兒容忍槍聲一般。

系統化的去敏感化作用，意指逐漸在可控制的情況之下，接觸引起害怕或攻擊行為的刺激物。刺激物在一種不會引發不希望發生之反應的強度下引進，狗兒接著會被教導將這種溫和的刺激物形式，與愉悅的情緒（例如藉由食物或是玩耍所引發）關聯在一起。也就是在本質上，以一種正面的反應來取代負面的情緒反應，然後再逐漸增強刺激物的強度，並在過程中仍將它與愉悅的經驗加以關聯。因為原先負面刺激的程度若以微小的速度增加著，狗兒會逐漸習慣。最後，狗兒終能夠應付原先的壓力性刺激。

有兩件決定去敏感化計劃成功與否的要訣：首先，你需要辨別你家狗兒對於引發問題之刺激的容忍值。換言之，要多大的槍聲才會讓你家狗兒感到害怕？你可以觸碰你家狗兒身上的那一個部位，而不會引發這隻具攻擊性狗兒的不當反應？一旦你已經了解刺激物的觸發

這隻邊界牧羊犬對於拐杖感到害怕。

當拐杖平放在地面時，它便不再引起恐懼，這是進行去敏感化作用的起始點。

程度，便可以開始進行去敏感化過程。

在許多微小的步驟中，拐杖逐漸自地面抬高。每次當狗兒接近並嗅聞拐杖而未顯出恐懼時，牠便會得到一個獎勵（在此情況下，便是一次響片聲和一個點心）。

在去敏感化訓練課程中，狗兒將會對於走到枴杖旁感到自在。

第二，你必須要能夠以非常小的步驟來增加刺激的強度。在去敏感化的訓練計劃中，有一件很重要的事就是，不要讓你家狗兒接受足量的刺激，這可能會讓問題再度復發。假如在此過程的任何一個階段中，你家狗兒對於刺激物做出害怕或是攻擊性的反應，就將它降低到狗兒可以應付的程度，並且逐漸、緩慢的增加刺激物的強度。

一個去敏感化訓練計劃可能需要花上數分鐘或是數個月才能完成。每天進行約 20 分鐘的訓練，或是一天兩次，一次 10 至 15 分鐘。你可以教導你家狗兒在令牠害怕的刺激物出現時，為了得到獎勵而依照暗號做出行為，來將訓練與去敏感化作用結合在一起。要求狗兒坐下，並獎勵牠；叫牠躺下來，然後給予獎勵；要求牠伸出腳掌，然後獎勵牠……。這將對狗兒有所幫助，也會給牠一些積極的事情去做，而不是只感到害怕。

萬不得已的選擇

重新安置

當你家狗兒展現出的行為是正常的，然而卻不適合牠所處的環境時，重新安置這隻有著行為問題的狗兒是正確的方式。這裡有一個相關的例子：一隻有著強烈群聚天性的狗兒，會因為居住在一間公寓中而展現出強迫性的繞著圈打轉的行為。

安樂死

對於一些人來說，安樂死是一種處理問題狗兒的省事方法。然而對於其他人而言，這會是他們生命中最難下的決定。安樂死永遠不該作為一種標準建議，當牠對人們產生攻擊行為時。每一個案例都該依其是非曲直來做判定。有時，它的確是個最佳的選擇，尤其在問題行為已經嚴重威脅到人們的安全，或是當這隻狗兒正處於嚴重的焦慮，而抗拒行為治療時。

使用藥物來治療行為問題

有些行為問題對於藥物治療有著良好的反應，例如抗焦慮的藥物和抗沮喪劑（anti-depressants）。然而，並非所有的行為問題都對藥物治療有反應，因此你需要仰賴獸醫師依照狗兒的個別狀況來開立處方。獸醫師將會根據一個徹底的評估結果來開立處方，並且會審慎地監控整個治療過程。有的藥物要服用數週後才會看到效果。

當狗兒們與人們相處融洽時，行為問題比較不會發生。有著較低活動量的小型狗兒們容易被年長的飼主管理，牠們同時提供了珍貴的陪伴關係。

確保你的生活型態得以滿足於你家狗兒所有心智上與生理上的需求，這對於避免行為問題有所幫助。

實際的期望：治療還是控制

對於許多的行為問題來說，期待完全治癒是不切實際的。舉例來說，你可能永遠無法治癒控制關聯攻擊行為，然而卻可以有效的控制它。這需要持續的應用行為治療，實際上來說，當你和一隻有著某種嚴重行為問題的狗兒生活在一起時，你可以期望將牠控制到一個可接受的程度，然而你應該一直了解這個問題將可能再次浮現。

治本而非治標

當你飼養一隻有著某種行為問題的狗兒時，你所見到的問題通常只是一個更大之潛在問題的外顯症狀。攻擊行為可能是一種潛在的焦慮症狀，與狗兒對於牠的社會結構認知有關，或是一種不當處罰而引起的症狀。牠可能是因為沒有能力應付壓力而顯現出強迫行為，或是因為分離焦慮、無聊煩悶，或是尋求關注的行為，而顯得具有破壞性。

快速解決的治標方法不能明顯維持行為上的進步，而且經常無法提升狗兒的生活品質，一個徹底的解決之道比較能夠成功的解決一個行為問題。確保你家狗兒的基本需求全都得到正確的滿足，以對付潛在的問題——那就是建立一個健全的社會結構和一個清楚的規則結構，提供充足且適當的心智與生理上的刺激，以及一個理想的環境。最重要的是，承諾照顧你家狗兒的福祉，並且珍視牠給你的陪伴。

專有名詞

肢端舔舐肉芽腫（Acral lick granuloma）因為不停的舔舐，而在腿部下方引發潰瘍性皮膚損傷。

肛門腺（Anal sac）位於肛門兩側皮下的小腺體結構，在肛門有小導管開口。

尋求關注的行為（Attention-seeking behavior）狗兒欲引發社會互動的行為。

禁咬（Bite inhibition）控制咬的力道的能力，例如不大力咬。

身體挽具（Body harness）一種合身繞於狗兒胸部的挽具，是頸圈的替代物。

平靜訊號（Calming signal）狗兒在和其他狗兒互動時，用來使對方平靜下來的巧妙肢體語言。

捕捉一個行為（Capturing a behaviour）標記並獎勵自動自發，而且沒有藉助任何誘食或是強迫的行為。

去勢（Castration）摘除一隻狗兒的睪丸的手術流程。

古典制約（Classical conditioning）協助狗兒將兩個原本互不相關的事件形成關聯。

響片訓練（Clicker training）運用響片聲音作為一種制約的正向增強器來訓練動物的方法。

強迫行為（Compulsive behaviour）狗兒過度的重複正常、功能性的行為，進而因此干擾該狗兒的正常、功能性運作。

暗號（Cue）給予一隻動物引發某一特定行為的訊號（語言或是視覺的暗號）。

服從（Deference）自願並尊敬的將權利退讓給一個更高位階的個體。

去敏感化作用（Desensitization）漸進式的接觸一項刺激，以降低一隻狗兒對於該刺激的反應。

脫臼，又稱作髖關節／肘關節脫臼（Dysplasia, also hip/elbow dysplasia）髖關節異常發展導致關節鬆脫，因而引起疼痛以及狗兒的關節炎。

距離減少訊號（Distance-decreasing signal）一隻狗兒對另一隻狗兒表示出退讓的肢體語言，例如顯示互動的意願。

距離增加訊號（Distance-increasing signal）一隻狗兒對另一隻狗兒保持距離的肢體語言，例如警告另一個個體不要靠得太近。

使狗兒平緩的費洛蒙（DAP，Dog-appeasing pheromone）泌乳的母狗所釋出的化學物質，可使狗兒們放鬆。現今已由人工合成以協助治療焦慮、害怕以及恐懼症。

安樂死（Euthanasia）人類殺死動物的一種方法，通常藉由注射致命物質達成。

消去作用（Extinction）永久移除狗兒對於一特定行為的回應，這將致使該行為不再發生。

咬蒼蠅（Fly-biting）狗兒咬真的，或是想像的蒼蠅，經常是一種強迫行為。

食物分配型玩具（Food-dispensing toys）可以填入狗食的玩具，可在狗兒玩該玩具時，以各種不同的功能釋出食物。

槍獵犬（Gundogs）原先被育種用來作為陪伴獵人獵鳥的狗兒，運用於指出獵物的所在地、將獵物逼出樹叢，或是標記和尋回被射中的鳥兒（例如指向犬、雪特犬、尋回獵犬）。

適應（Habituation）藉由重複的接觸而習慣於一個新的刺激。

頭圈（Head collar）特別設計來繞在狗兒頭部的項圈，和馬匹韁繩的作用相近，作為頸圈的替代物（不要和狗口罩混淆）。

緊緊跟隨（Heelwork）教導狗兒緊緊跟隨在身旁，例如跟在訓練師身旁，既不走在前頭，也不落在後頭。

牧羊犬（Herding dogs）原先被育種作為放牧羊群和其他群聚動物的狗兒。

過度流涎（Hyperventilation）流口水。

狗兒間的攻擊行為（Interdog Aggression）狗兒們之間的打鬥行為。

誘導（Lure）運用一個點心來引導狗兒完成一項特定的行為（是真的食物或是玩具）。

以口含啣（Mouthing）將物品，包括人們的四肢，含在嘴中，而不咬。

操作制約（Operant conditioning）狗兒會為了有正面結果，或是為了避免一個負面結果而學會做某事。

狗口罩（Muzzle）防止狗兒咬東西的限制工具。

費洛蒙（Pheromone）動物身體上各種不同部位所分泌的化學物質，可藉著氣味和其他同種動物進行溝通，例如尿液、糞便和皮膚腺體。

屈身做鞠躬狀（Play bow）通常在玩耍時出現的身體姿勢（胸部著地、下半身翹高）。

控制資源（Resource control）掌控狗兒所認為有價值之事物的接近權利。

氣味獵犬（Scent hounds）原先被育種來追蹤獵物氣味，以協助獵人打獵的狗兒們（例如尋血獵犬、米格魯、獵腸狗）。

拎起頸背皮膚（Scruffing）抓住一隻動物頸背上的皮膚，來將牠攫起同時左右搖晃。

遣開（Send-away）差遣一隻狗兒遠離訓練師，例如該狗兒根據訓練師的指示離開，朝一特定的方向走去。

分離焦慮（Separation anxiety）一種不能應付獨處的狗兒們所展現出的狀態，嚴重的焦慮通常會明顯出現破壞性行為、吠叫或是到處大小便。

追逐影子（Shadow-chasing）追逐物體因光影交疊而產生的影像移動，通常在地板或是牆壁上發生。

形塑（Shaping）強化較佳的行為，直到狗兒已學到熟練的地步為止。

視覺獵犬（Sight hounds）原先被育種來搜尋獵物的移動，然後追逐並將其撲倒的狗兒們（例如俄羅斯獵狼犬、薩路基、阿富汗獵犬）。

坐下等待（Sit stay）當訓練師走開到視線外，並在有分心的事物出現時，坐下並維持該姿勢。

社會化（Socialization）習慣和其他生物互動的過程（狗兒們、人們和其他的動物）。

結紮（Spaying）摘除母狗的子宮與卵巢的手術程序。

追著尾巴轉（Tail-chasing）一隻狗兒持續追逐自己尾巴的強迫行為。

標的棍子（Targeting stick）在教導狗兒以其鼻子觸碰物體時，所使用的棍子或是指揮棒。

拔河遊戲（Tug games）玩拔河玩具，例如狗兒拉扯一端，而飼主拉著另一端，或是兩隻狗兒們一起玩。

尿液標記（Urine marking）在特定的地點撒尿以標示領土。

good dog
聰明飼主的愛犬訓練手冊

作　　者	奎絲·桑塔克 博士 (Dr. Quixi Sonntag)
譯　　者	丁延敏
發 行 人	林敬彬
主　　編	楊安瑜
編　　輯	蔡穎如
內頁編排	帛格有限公司
封面設計	帛格有限公司
出　　版	大都會文化　行政院新聞局北市業字第 89 號
發　　行	大都會文化事業有限公司
	110 台北市信義區基隆路一段 432 號 4 樓之 9
	讀者服務專線：（02）27235216
	讀者服務傳真：（02）27235220
	電子郵件信箱：metro@ms21.hinet.net
	網　　　址：www.metrobook.com.tw
郵政劃撥	14050529　大都會文化事業有限公司
出版日期	2008 年 2 月初版一刷
定　　價	250 元
I S B N	978-986-6846-30-4
書　　號	Pets-013

Metropolitan Culture Enterprise Co., Ltd.
4F-9, Double Hero Bldg., 432, Keelung Rd., Sec. 1,
Taipei 110, Taiwan
Tel:+886-2-2723-5216　Fax:+886-2-2723-5220
E-mail:metro@ms21.hinet.net
Web-site:www.metrobook.com.tw

First published in UK under the title Good Dog by
New Holland Publishers (UK) Ltd.
Copyright © 2007 by New Holland Publishers (UK) Ltd.

Chinese translation copyright © 2008 by
Metropolitan Culture Enterprise Co., Ltd.
Published by arrangement with New Holland Publishers (UK) Ltd.

國家圖書館出版品預行編目資料

Good Dog 聰明飼主的愛犬訓練手冊 /
奎絲·桑塔克博士 (Dr. Quixi Sonntag)；丁延敏譯. --
初版. -- 臺北市：大都會文化, 2008, 02
面；　公分. -- (Pets; 13)
譯自：Good Dog: modern training method
I S B N：978-986-6846-30-4 (平裝)

437.668　　　　　　　　　96024893

good dog
聰明飼主的愛犬訓練手冊

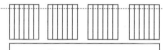

北 區 郵 政 管 理 局
登記證北台字第 9125 號
免　貼　郵　票

大都會文化事業有限公司
讀者服務部收

110 台北市基隆路一段 432 號 4 樓之 9

寄回這張服務卡 (免貼郵票)
您可以：
　◎不定期收到最新出版訊息
　◎參加各項回饋優惠活動

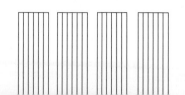

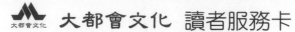

大都會文化 讀者服務卡

書名：Good Dog 聰明飼主的愛犬訓練手冊
謝謝您選擇了這本書！期待您的支持與建議，讓我們能有更多聯繫與互動的機會。
日後您將可不定期收到本公司的新書資訊及特惠活動訊息。

A. 您在何時購得本書：_____ 年_____月_____日

B. 您在何處購得本書：_____ 書店，位於 _____ (市、縣)

C. 您從哪裡得知本書的消息：
　1.□書店　2.□報章雜誌　3.□電台活動　4.□網路資訊
　5.□書籤宣傳品等　6.□親友介紹　7.□書評　8.□其他

D. 您購買本書的動機：（可複選）
　1.□對主題或內容感興趣　2.□工作需要　3.□生活需要
　4.□自我進修　5.□內容為流行熱門話題　6.□其他

E. 您最喜歡本書的：（可複選）
　1.□內容題材　2.□字體大小　3.□翻譯文筆　4.□封面　5.□編排方式　6.□其他

F. 您認為本書的封面：1.□非常出色　2.□普通　3.□毫不起眼　4.□其他

G. 您認為本書的編排：1.□非常出色　2.□普通　3.□毫不起眼　4.□其他

H. 您通常以哪些方式購書：(可複選)
　1.□逛書店　2.□書展　3.□劃撥郵購　4.□團體訂購　5.□網路購書　6.□其他

I. 您希望我們出版哪類書籍：（可複選）
　1.□旅遊　2.□流行文化　3.□生活休閒　4.□美容保養　5.□散文小品
　6.□科學新知　7.□藝術音樂　8.□致富理財　9.□工商企管　10.□科幻推理
　11.□史哲類　12.□勵志傳記　13.□電影小說　14.□語言學習（___語）
　15.□幽默諧趣　16.□其他

J. 您對本書(系)的建議：_____

K. 您對本出版社的建議：_____

讀者小檔案
姓名：_____ 性別：□男 □女　生日：___年___月___日
年齡：1.□ 20 歲以下 2.□ 21 ─ 30 歲 3.□ 31 ─ 50 歲 4.□ 51 歲以上
職業：1.□學生 2.□軍公教 3.□大眾傳播 4.□服務業 5.□金融業 6.□製造業
　　　7.□資訊業 8.□自由業 9.□家管 10.□退休 11.□其他
學歷：□國小或以下 □國中 □高中／高職 □大學／大專 □研究所以上
通訊地址：_____
電話：（H)_____ （O)_____ 傳真：_____
行動電話：_____ E-Mail：_____

◎謝謝您購買本書，也歡迎您加入我們的會員，請上大都會網站 www.metrobook.com.tw 登
　錄您的資料。您將不定期收到最新圖書優惠資訊和電子報。